数学が育っていく物語／第６週

絵　村井宗二

数学が育っていく物語／第６週

硬い面，柔らかい面

志賀浩二著

岩波書店

読者へのメッセージ

本書は，2 年前に私が著わした『数学が生まれる物語』の続編として書かれたものです.『数学が生まれる物語』では，数の誕生からはじめて，2 次方程式やグラフのことを述べ，さらに微積分のごく基本的な部分や，解析幾何に関係することにも触れました．それは全体としてみれば，十分とはいえないとしても，中学校から高等学交までの教育の中で取り扱われる数学を包括する物語でした．

しかし，数学が本当に数学らしい深さと広がりをもって私たちの前に現われてくるのは，この『数学が生まれる物語』が終った場所からであるといってもよいでしょう．そこからこんどは『数学が育っていく物語』がはじまります．そこで新しく展開していく内容は，ふつうのいい方では，大学レベルの数学ということになるかもしれません．でも私は，大学での数学などという既成の枠組みは少しも念頭にありませんでした．

私が本書を執筆するにあたって，最初に思い描いたのは，苗木から少しずつ育って大樹となっていく 1 本の木の姿でした．苗木の細い幹から小枝が出，小枝の先に葉がつき，季節の到来とともに，葉と葉の間から小さな花芽がふくらんできます．毎年，毎年同じようなことを繰り返しながら，木は確実に大きくなり，1 本のたくましい木へと成長していきます．

古代バビロニアにおける天体観測を通して，さまざまな数が粘土板上に記録されることになりましたが，それを数学の種子が土壌に最初にまかれたときであると考えるならば，それから現在まで 4000 年以上の歳月がたちました．また古代ギリシャ人の手によって，バビロニアとエジプトから数学の苗木がギリシャに移しかえられ，そこで大切に育てられたと考えても，それからすでに 2500 年の歴史が過ぎました．しかし，この歴史の過程の中で，数学がつねに同じ足取りで成長を続けてきたわけではありませんでした．数学が成長へ向けての大きなエネルギーを得たのは，17 世紀後半からであり，その後多くのすぐれた数学者の努力により，数学は急速に発展してきました．そして科学諸分野への応用もあって，時代の文化の 1 つの表象とも考えられるような大きな姿を，現代数学は示すようになってきたのです．数学は大樹へと成長しました．

本書でこの過程のすべてを描くことはもちろん不可能ですが，それでもその中に見られる数学の育っていく姿だけは読者に伝えたいと思いました．しかしそれをどのように書いたらよいのか，執筆の構想はなかなか思い浮かびませんでした．そうしているとき，ふと，いつか庭木を掘り起こしたとき，木の根が土中深く，また細い糸のような根がはるか遠くまで延びているのに驚いたことを思い出しました．私がそのとき受けた感銘は，1本の木が育つということは，木全体が1つの総合体として育っていくことであり，土中深く根を張っていく力が，同時に花を咲かせる力にもなっているということでした．本書を著わす視点をそこにおくことにしようと，私は決めました．

土の中で，根が少しずつ育っていく状況は，数学がその創造の過程で，暗い，まだ光の見えない所に手を延ばし，未知の真理を探し求めるさまによく似ています．私は数学のこの隠れた働きに眼を凝らし，意識を向けながら，そこからいかに多くの実りが，数学にもたらされたかを書こうと思いました．

私は，読者が本書を通して，数学という学問は，1本の木が育つように，少しずつ確実に，そしていわば全力をつくして，歴史の中を歩んできたのだ，ということを読みとっていただければ有難いと思います．

1994年1月

志賀浩二

第6週のはじめに

今週の主題は曲面です．曲面は数学にとってまことに取り扱いにくい対象でした．このことを説明するのに，皆さんに絵を見るときと，彫刻を見るときを対比して思い出してもらうとよいかもしれません．絵では1枚の絵を見る視線の向きは一定ですが，彫刻では1つの彫刻に対して見る方向が一定せず，いろいろな角度から見ることができます．見る方向によって彫刻はまったく別の形を投影します．そのことによるのかどうかわかりませんが，彫刻の示す形を言葉に移して的確に表現することは非常にむずかしいようです．もっとも言葉としては取り出せないところに，立体のもつ存在感があるといえるのかもしれません．

似たようなことは数学でも起きます．絵の中で1本の木を描いた曲線は眼で追うことができますが，このことは数学的にはこの曲線は平面座標 (x, y) を使えば，$x=x(t)$，$y=y(t)$ とパラメータ t によって表わすことができるということです．このときパラメータ t は，視線の動くにつれて経過する時間を表わしていると考えてよいでしょう．それに対し，私たちは彫刻の表わす曲面を一度に全部視界の中におさめることはできませんが，それは数学にとっても同じ事情となって反映してきます．一般的には曲面の形全部を1つの式として表わすような具体的な表示法を見つけることはできないのです．それがまず曲面を数学的に取り扱いにくいものにしている一因です．

次にこんどは曲面の一部分に視線を定め，その部分を数学的に表示したとしても，曲面の示す微妙な起伏や凹凸をどのように定量的に取り出し表現するかが，見通しのきかないようなむずかしい問題となってきます．このことは，複雑につらなる山なみを曲面と考えてみると察することができるでしょう．ほんの少し方向を変えた道をとるだけで，一方は山頂に達し，他方は谷底におりるということもあるのです．

しかし，曲面が具象的な存在として数学者の眼の前にはっきりとおかれていることは事実です．もし数学がこの具象的な存在の中から，数学のもつ抽象的な方法を適用する場所を見つけることに成功すれば，こんどはもっと複雑な幾何学的対象や，高次元の図形として定式化されるような数学の対象に対しても，新しい研究の道が拓けていくことを示唆することになるでしょう．実際，曲面を調べる幾何学的視点は，2つの大きな数学の研究分野を育てる方向へと発展しました．その1つは微分幾何ですし，他の1つはトポロジーです．前者は微分的方法を，後者は代数的方法を主要な方法として採用することにより，大きな理論体系へと育っていきました．また局所的な情報を総合することによって全体像を捉えるという考え方は，20世紀になって多様体という広く大きな場を形成することになりました．曲面は確かに19世紀数学から20世紀数学へ移行するときの確かな足場となったのです．

今週は曲面がそのような新しい数学を創り出す契機となった18世紀から19世紀にかけて起きたいくつかの“出来事”を述べてみることにしましょう．

目　次

月曜日

曲面を見る視点

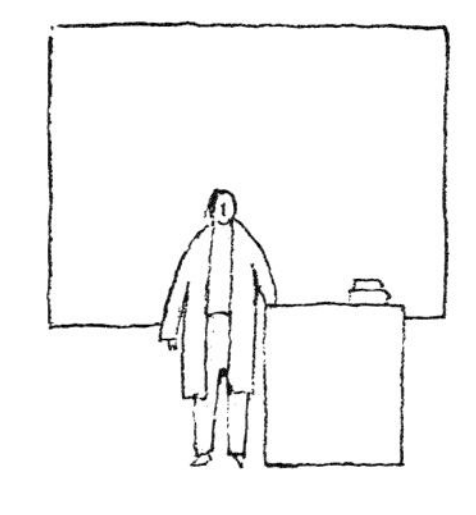

先生の話

小学校の頃を思い出してみると，私たちは球や立方体や円錐の模型を先生が教室へ持ってきて，立体図形の話をされるのを聞いて，曲線よりもむしろ立体図形の方に親しみを覚えていました．しかし中学校へ入って，関数 $y=f(x)$ のグラフの話がはじまり，それと同時に教科書の中から立体を描いた図が消えていくにつれ，立体図形への関心はいつとはなしに薄れていきました．そうはいってもそれは数学の中だけの話であって，私たちがふだん手を触れてその存在を確かめることができるものは，すべて形をもっており，形というのは立体図形ですから，日常経験の中では曲線よりも立体図形の方がはるかに身近で，実在感が強いのです．

曲線というと糸が絡み合ったり，暗闇の中での光の軌跡を思い浮かべる人も多いかもしれませんが，ふつうは数学の本に現われる曲線は，関数のグラフとして表示される曲線であって，私たちは関数概念とグラフとは表裏一体のものと考えています．それに反し曲面の性質が直接関数概念と結びつくことはそう多くはありません．そのためか，曲面が高等学校や大学の数学の講義の中に現われる機会は少ないようです．

しかし，曲面は何も関数概念と結びつけなくとも，1つ1つの曲面が示す多様な形に眼をやれば，そこには調べるべきたくさんの数学的な性質を内蔵しているようにみえます．たとえば一般には曲面は各点で，すべての方向に向けて微妙な起伏がありますが，これをどのように数学的に捉えたらよいのか，また曲面上で2点を結ぶ最短コースはどのようにして見つけるか，また曲面の穴の個数はどのように数えるかなどなどです．これらを調べる数学的な手段はあるのでしょうか．

このような曲面の性質を数学的立場に立って調べようとするとやはり曲面を何か数学的な形式を通して表現しておく必要があります．しかし，一般に曲面は見る方向によってまったく違った形に見えます．それは人形の表面や，花瓶の形を思い出してみるとよいでしょう．上から見た形だけからでは，下から見たときどんなに見えるかを推察することはできません．曲面の形は，どの方向から見たらよいのかを特定できない困難さをもっています．それは確かに新しい問題，曲面を表示するにはどのようにしたらよいのか，を提示しています．もっともこのように曲面の形を考えるときには，私たちは陶器や磁器でつくった硬い物体の表面を想定しています．

だが一方，パンをつくる職人さんは，パン粉をこねているとき，どんどん形を変えてくるパン粉のかたまりから伝わってくる手の触感の中から曲面の感じをつかみとっているに違いありません．このとき職人さんは，曲面の中にある何か共通の性質を捉えて，出来上がったパンの形を決めています．実際，ゆがんだものや，不出来なものがあったとしても，私たちはパン屋さんの棚から角型の食パンと，ドーナツを取り間違えることはありません．このような，いわば柔らかな曲面に対しては，曲面の凹凸まで細かく調べるような定量的な性質よりは，むしろ定性的な性質をどのように見分けるかが，数学の問題となってくるでしょう．曲面には硬い面としてみるか，柔らかい面としてみるかという 2 つの基本的な見方があります．

今日は曲面の話をはじめるにあたって，このような曲面を見るごく基本的な視点について，もう少し詳しく述べてみることにしましょう．

数式で表わされる曲面の例

今週は曲面の話が主題なので，まずいくつかの曲面とその表示式を示しておくことにしよう．曲面は 3 次元の座標空間 $\boldsymbol{R}^3$ の中にあるとする．

（I）　球面

原点 O を中心として，半径 a（>0）の球面は

$$x^2+y^2+z^2 = a^2$$

と表わされる．このことは原点から点$\mathrm{P}(x, y, z)$までの距離が$\sqrt{x^2+y^2+z^2}$で与えられることからわかる．

また図のような角φとθを用いると

$$x = a\sin\theta\cos\varphi$$
$$y = a\sin\theta\sin\varphi$$
$$z = a\cos\theta$$

とも表わすこともできる．ここで$0 \leqq \varphi < 2\pi$，$0 \leqq \theta < \pi$．この表わし方では球面は，φとθという2つのパラメータで表わされている．

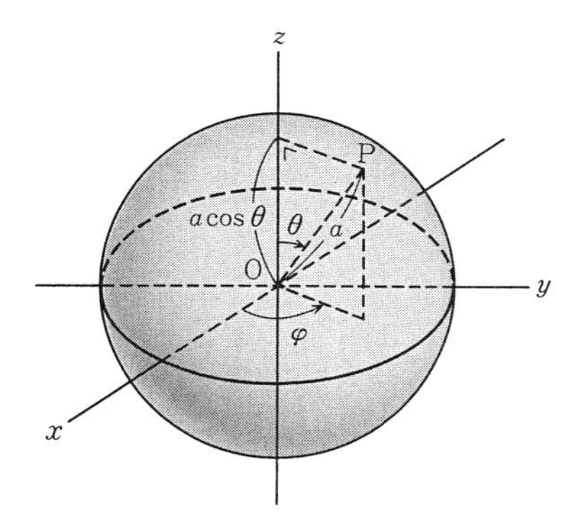

（Ⅱ） ドーナツ面

$0 < a < b$のとき，図のようなドーナツ面は

$$(\sqrt{x^2+y^2}-b)^2+z^2 = a^2$$

と表わされる．

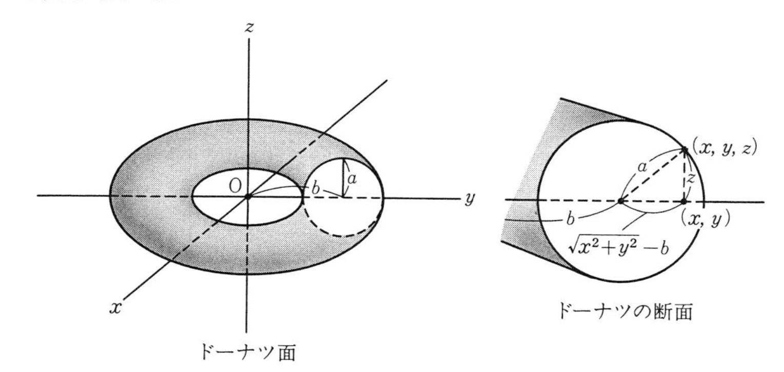

また図のように角 φ, θ をとると

$$x = (a\cos\varphi + b)\cos\theta$$
$$y = (a\cos\varphi + b)\sin\theta$$
$$z = a\sin\varphi$$

とも表わされる．ここで $0 \leqq \varphi < 2\pi$，$0 \leqq \theta < 2\pi$．

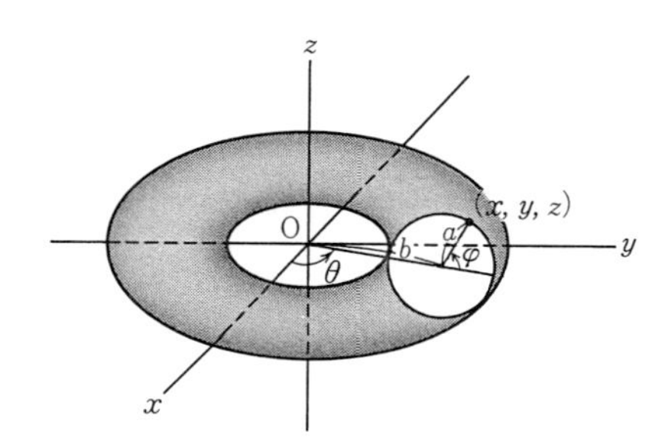

（Ⅲ）円錐

原点Oに頂点をもち，z 軸を軸とする直円錐は

$$x^2 + y^2 = az^2 \qquad (a > 0) \tag{1}$$

と表わされる．

直円錐の頂角の半分を α とし，点 $\mathrm{P}(x, y, z)$ までの母線の長さを u，角 ψ を図のようにとると，直円錐は u と ψ をパラメータとして次のように表わすこともできる．

$$x = u\sin\alpha\cos\psi, \qquad y = u\sin\alpha\sin\psi, \qquad z = u\cos\alpha \tag{2}$$

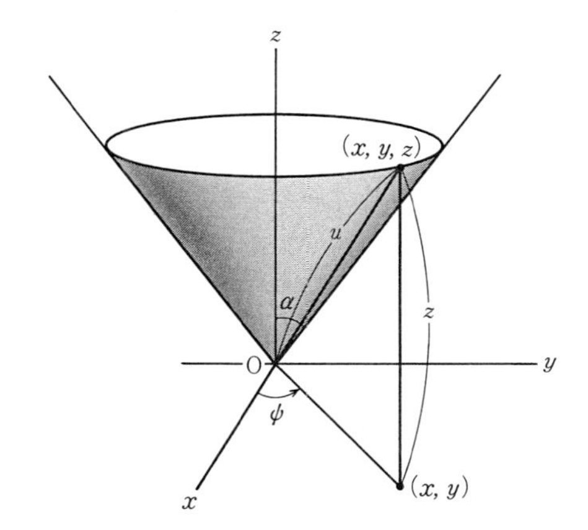

(α は定数であることに注意.) このことは図を見るとすぐにわかるだろう. (2)の式から上の(1)をだすには, (2)から $x^2+y^2+z^2=u^2$ となり, これから $z^2=u^2\cos^2\alpha=(x^2+y^2+z^2)\cos^2\alpha$. したがって $x^2+y^2=\dfrac{1}{\cos^2\alpha}(1-\cos^2\alpha)z^2=\tan^2\alpha\cdot z^2$ となり, (1)の a は $\tan\alpha$ であることがわかる.

球面は, x, y, z の 2 次式として表わされているが, x, y, z の 2 次式として表わされる曲面で標準的なものを挙げておこう.

(Ⅳ) 楕円面

$a, b, c>0$ とすると, 原点 O を中心とする図のような楕円面は

$$\frac{x^2}{a^2}+\frac{y^2}{b^2}+\frac{z^2}{c^2}=1 \qquad (3)$$

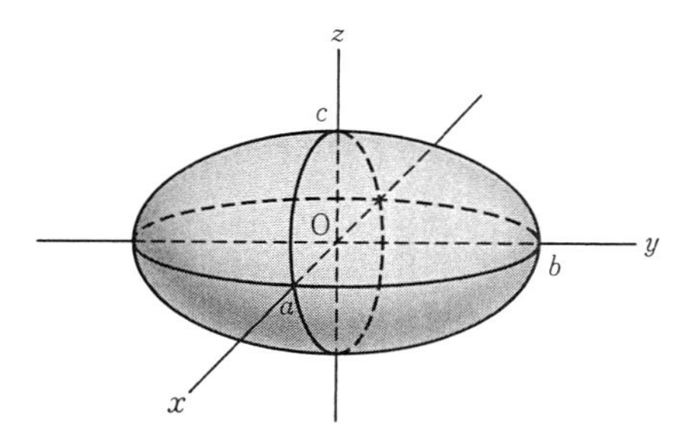

と表わされる. ここでたとえば $0<k<b$ となる定数 k をとって, $y=k$ とおくと

$$\frac{x^2}{a^2}+\frac{k^2}{b^2}+\frac{z^2}{c^2}=1$$

となるが, この式を

$$\frac{x^2}{a^2}+\frac{z^2}{c^2}=1-\frac{k^2}{b^2}$$

と書き直し, 辺々を $1-\dfrac{k^2}{b^2}=\dfrac{b^2-k^2}{b^2}$ で割ってみると, 標準的な楕円の式になる. この楕円の式から, 楕円面(3)を, $y=k$ という平面で切ったときの断面に現われる楕円の長径, 短径は($a>c$ とすると)それぞれ

$$\frac{a}{b}\sqrt{b^2-k^2}, \qquad \frac{c}{b}\sqrt{b^2-k^2}$$

となっていることがわかる．

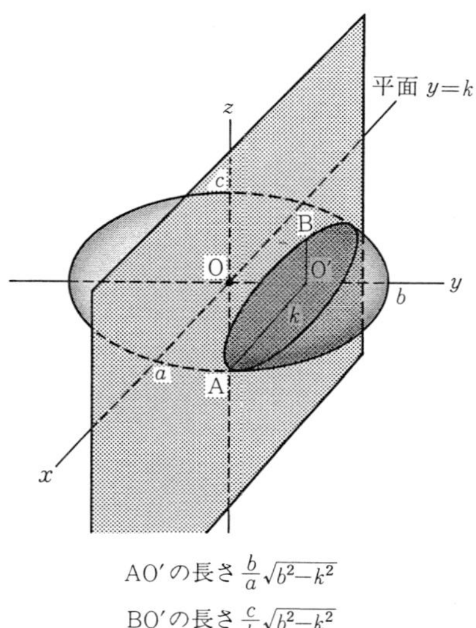

AO′の長さ $\frac{b}{a}\sqrt{b^2-k^2}$

BO′の長さ $\frac{c}{b}\sqrt{b^2-k^2}$

（V） 一葉双曲面

$a, b, c>0$ とすると，次の式をみたす点 (x, y, z) は一葉双曲面とよばれる図のような曲面を描く．

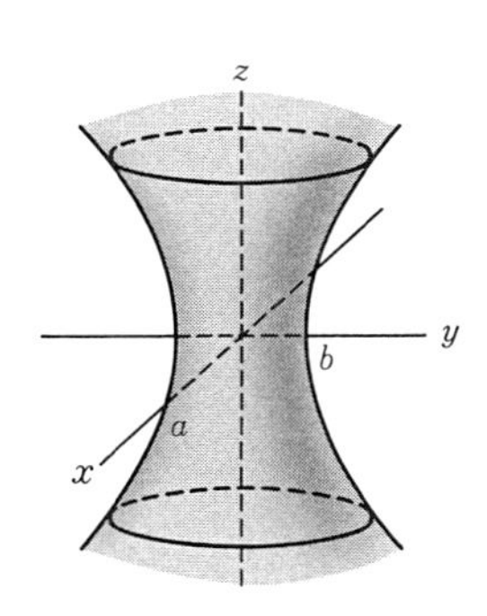

$$\frac{x^2}{a^2}+\frac{y^2}{b^2}-\frac{z^2}{c^2}=1 \tag{4}$$

この曲面は，xy-平面から測って高さ k の平面で切った切口は楕円

$$\frac{x^2}{a^2}+\frac{y^2}{b^2}=1+\frac{k^2}{c^2}$$

となっており，一方，xz-平面に平行な平面で切った切り口は双曲線となっている．たとえば xz-平面で切った切り口は，(4)で $y=0$ とおくことにより

$$\frac{x^2}{a^2}-\frac{z^2}{c^2}=1$$

と表わされる．これは双曲線の式である．

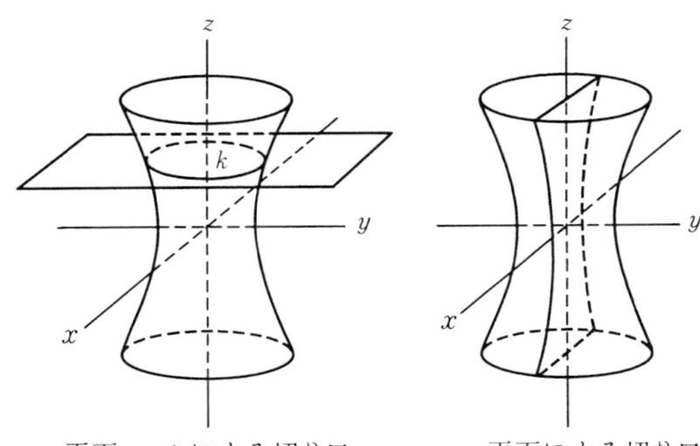

平面 $z=k$ による切り口　　xz-平面による切り口

（VI） $a, b, c>0$ とすると，次の式をみたす点 (x, y, z) は，**二葉双曲面**とよばれる図のような曲面を描く．

$$\frac{x^2}{a^2}+\frac{y^2}{b^2}-\frac{z^2}{c^2} = -1$$

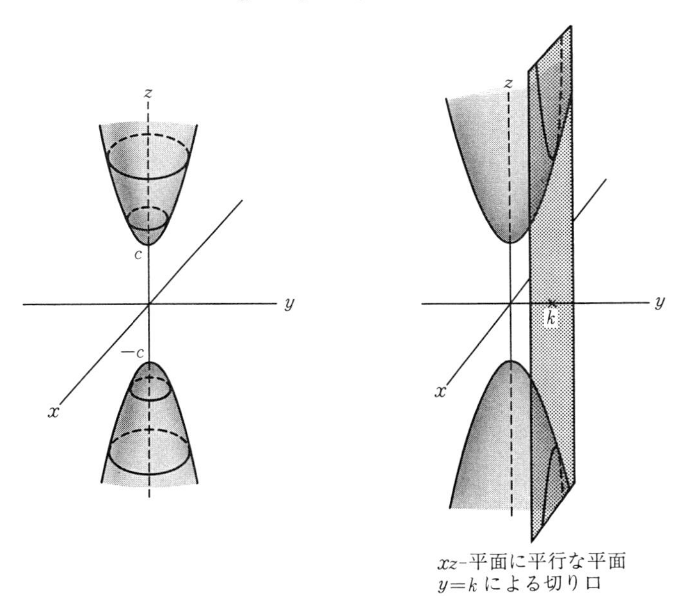

xz-平面に平行な平面
$y=k$ による切り口

この曲面は $k>c$ のとき，xy-平面から $\pm k$ の高さで切った切り口は楕円となり，一方，xz-平面，yz-平面に平行な平面で切った切り口は双曲線となる．たとえば $y=k$ という平面で切った切り口は

$$\frac{z^2}{c^2}-\frac{x^2}{a^2} = 1+\frac{k^2}{b^2}$$

という双曲線となる.

（Ⅶ） **楕円放物面**

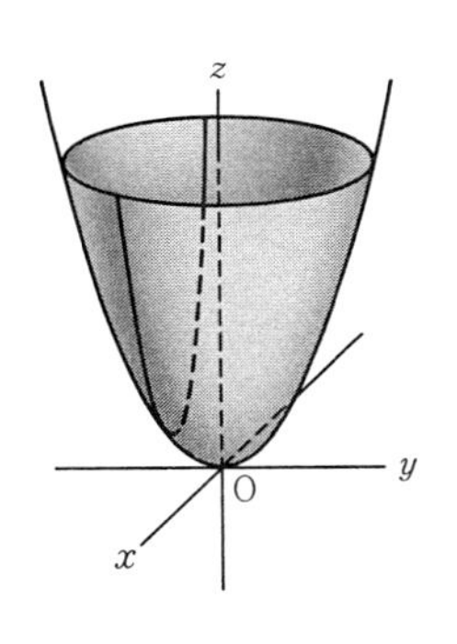

$$z=\frac{x^2}{a^2}+\frac{y^2}{b^2}$$

で表わされる曲面を楕円放物面という．xy-平面に平行な平面による切り口は楕円であるが，xz-平面，yz-平面に平行な平面による切り口は放物線となっている.

（Ⅷ） **双曲放物面**

$$z=\frac{x^2}{a^2}-\frac{y^2}{b^2}$$

と表わされる曲面を双曲放物面という．これは馬の鞍(くら)のようになっている．この曲面上，x 方向から AO という道にそって原点 O に近づくと，O は峠の頂になっている．一方，y 方向から BO という道にそって原点 O に近づくと，O は谷底となっている．$y=\pm\dfrac{b}{a}x$ という方向から原点に近づく道は平坦で，高さはつねに一定となっている.

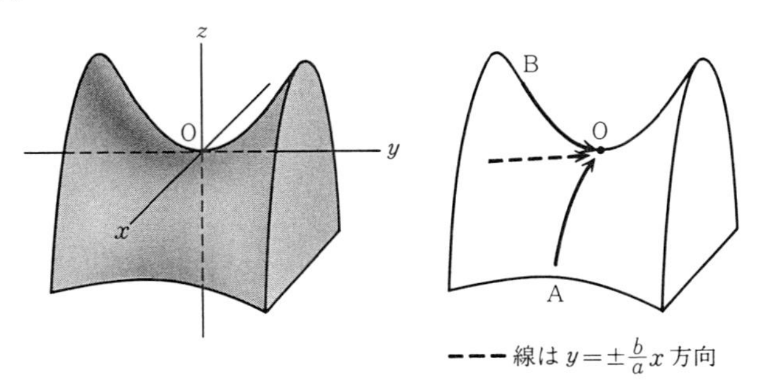

数式と曲面

いま述べた例では，x, y, z の整式 $f(x, y, z)$ を適当にとると，$f(x, y, z)=0$ という関係をみたす点 (x, y, z) が 1 つの曲面を描くということになっている．しかしそれでは，x, y, z の整式 $f(x, y, z)$

を勝手にとったとき，$f(x,y,z)=0$ という関係をみたす点 (x,y,z) は，$\boldsymbol{R}^3$ の中で私たちがふつうイメージするような曲面を描くかといえば，それは必ずしもそうであるとはいえない．たとえば

$$(x^2+y^2+z^2)(x^2+y^2+z^2-1)=0$$

をみたす点 (x,y,z) は，原点と，半径 1 の球面からなっている．この式を少し直して

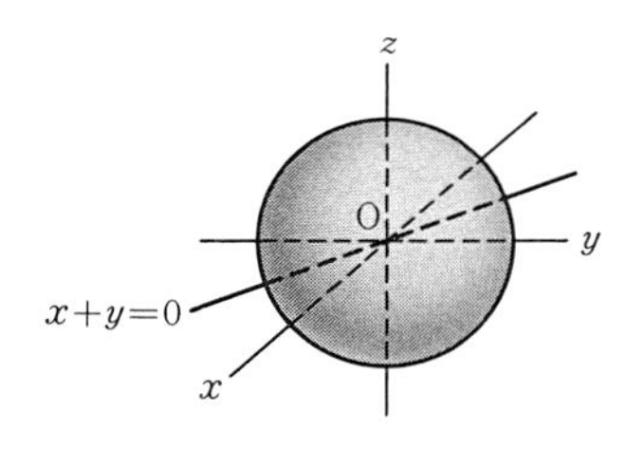

$$\{(x+y)^2+z^2\}(x^2+y^2+z^2-1)=0$$

とすると，こんどはこの関係式をみたす点 (x,y,z) は xy-平面上にある $x+y=0$ という直線と，半径 1 の球面からなる．こうしたものは曲面とはいわないだろう．

次の例はもっとはっきりしていて，この関係式をみたす点は，1 点と曲線からなる．

$$\{3x^2+3y^2-(z+1)^2\}^2+(x^2+y^2+z^2-1)^2=0$$

実際，この関係式は，円錐 $3x^2+3y^2=(z+1)^2$ と球面 $x^2+y^2+z^2=1$ の交わりを示しており，それは 1 点 $(0,0,-1)$ と，1 つの曲線からなる．

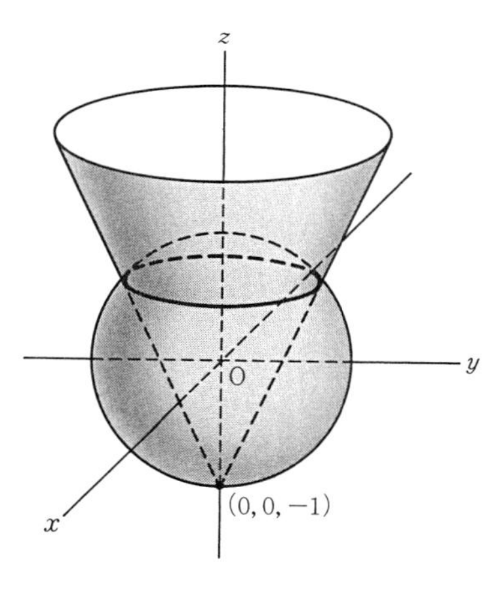

このような例を見ると，整式 $f(x,y,z)$ をとって，“x,y,z に関する方程式” $f(x,y,z)=0$ を代数的に調べるという立場から，曲面のもつ基本的な性質を解明することは，一般的には適当でないようである．一般論を展開するとき，曲面と方程式はうまくかみ合わない．

♣ 数学の世界では，複素数まで広げたところで曲面を考察するような理論がある．それは代数幾何とよばれる研究分野であるが，そこでは，こんどは“曲面”と方程式とが密接に関係する．しかしここで取り扱う“複素曲面”は4次元であって，日常の生活の中で見出されるようなものではない．

山の形と $z=f(x, y)$

一般論の立場では方程式を通して曲面を調べることは適当でないとしても，曲面を

$$z = f(x, y) \tag{5}$$

として，2変数 x, y の関数として表わすことは十分考えられる．実際，山の形などを示すには，平地——xy-平面——からの高さ z を用いるとよいわけである．地図に書かれている等高線は，同じ高さの場所を結んで得られる曲線であり，山の形が $z=f(x, y)$ で与えられているときには，$f(x, y)=$定数 となる (x, y) が等高線である．したがって，等高線にしたがって紙を切り取って，下から貼っていくと山の形が浮かび上がってくる．

(5)のような表わし方では原点を中心とする半径1の球面は

$$z = \sqrt{1-x^2-y^2} \qquad \text{（北半球）}$$

$$z = -\sqrt{1-x^2-y^2} \qquad \text{（南半球）}$$

と表わされる．球面上の点が北半球にあるか，南半球にあるかにしたがって，2通りの高さが生じてきて，それは $\pm\sqrt{}$ で表わされている．この簡単な例が示すように，曲面を xy-平面からの高さで表わすといっても，山の場合と違って，曲面の形状に応じて，各点でいくつかの高さの関数を用意しておく必要がある．その状況は次の図で示したような少し複雑な曲面になると一層はっきりしてくる．

この図の曲面では，ある場所では2つの高さを測ればよいが，別の場所では6つも高さを測らないと，曲面の形が表わせないようになっている．曲面は，場所，場所に応じて，有限個の関数を用いて $z=f_i(x, y)$ $(i=1, 2, \cdots, k)$ のように表わされることになる．

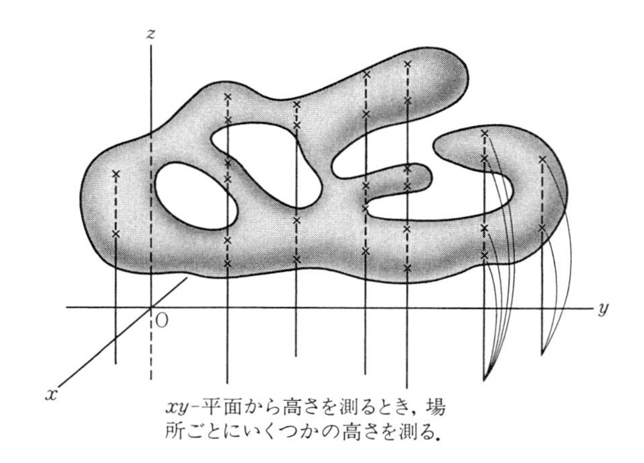

xy-平面から高さを測るとき，場所ごとにいくつかの高さを測る．

しかし，xy-平面だけからの高さだけでは曲面が表わしきれないこともある．それは図の曲面のように，点(x_0, y_0)上で曲面が絶壁となっているようなときである．このときには，かりに$z=f(x_0, y_0)$と書いても，zは区間$[a, b]$のどんな値をとってもよいことになり，値が不定となる．

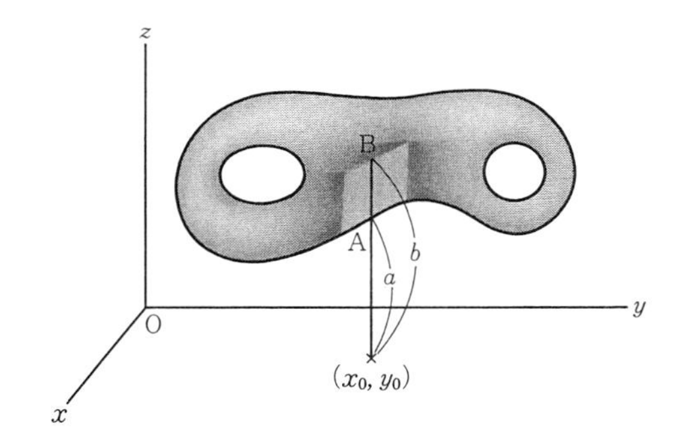

もっともこんな例をもち出さなくとも，箱の形を知るには高さだけではなく，たて，よこの長さも知る必要があるといった方がわかりやすかったかもしれない．

曲面の小さい部分

いずれにしても，曲面をある平面から測った高さの関数として表わそうとすると，曲面上の高さは1通りには決まらない．したがって，たとえ xy-平面上の十分小さい範囲 D に限っても，D 上で高さが1通りに測れる曲面上の場所は，図では V_1, V_2, V_3, V_4 と4つの部分に分かれてしまう．そしてこれらの場所への高さは，それぞれ x, y の関数として，D 上で

$$z = f_1(x,y), \quad z = f_2(x,y), \quad z = f_3(x,y), \quad z = f_4(x,y)$$

と表わされていることになる．V_1, V_2, V_3, V_4 に限れば，曲面は x, y の関数として表わされる．

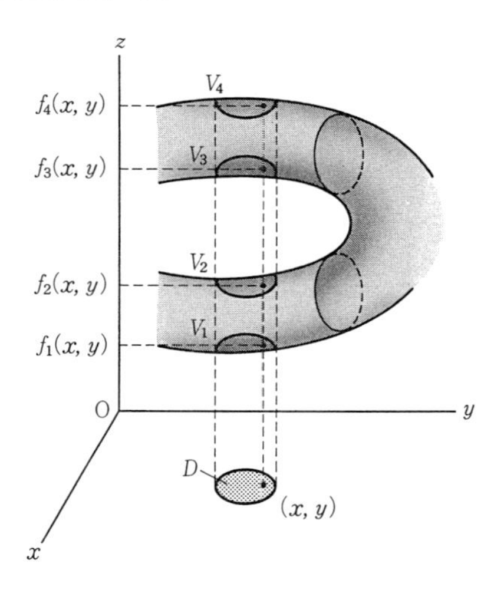

一般的にいえば，曲面全体を表わす式を求めることはできないといってよいだろう．2つの変数の関数を用いて曲面を表示しようとすると，この例が示すように，必然的に私たちの眼は，曲面の小さな部分に向けられてくることになる．

ここでもまた前と似たような注意をしておこう．いま曲面をこのように小さい部分に限って，その部分を平面上のある範囲で定義された2変数の関数として，平面から測った高さを用いて表わそうとする．そうするとやはり1つの平面，たとえば xy-平面だけから測った高さだけを用いては，1点のまわりの曲面の状況を一般には表わすことはできないのである．たとえば図で，曲面上で点Pのまわりを考えてみると，Pのまわりのどんな小さい範囲をとってみても，P以外では，xy-平面から測った高さは決して1通りには決まらない．

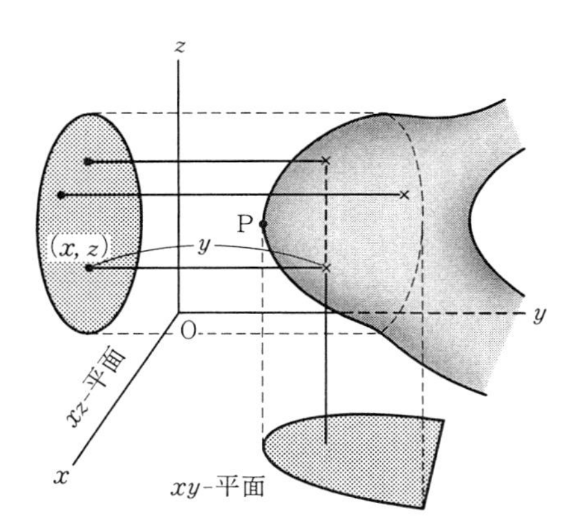

したがってPのまわりを高さの関数として表わすためには，たとえば xz-平面から測った高さ y を用いて，Pのまわりを

$$y = g(x, z)$$

と表わすことになる．Pのまわりでは，曲面は x, z の関数として表わされるのである！

局所座標

このような話から，一般の曲面をどのように表示するかということについて，大体の考え方は納得してもらえたと思う．まず曲面 S の全体を1つの式とか関数で表示しようと試みることは，あきらめることにしよう．それにかわって，S の各点Pのまわりの十分小さい範囲に注目して，この範囲にある曲面の点を，2つの変数の関数として表わす，そして関数としてはある平面から測った曲面までの高さをとる，という考え方を基本的なものとして採用することにする．

しかし，この高さを測るためにとる平面は，一定していないし，また勝手にとってよいというものではない．そのため，この基本的な考え方にそいながら，もう少し曲面自体に密着した形での曲面の表わし方を考えることにしよう．

そのため，曲面 S 上の1点Pのまわりでは，曲面の点は，xy-平面から測った高さによって

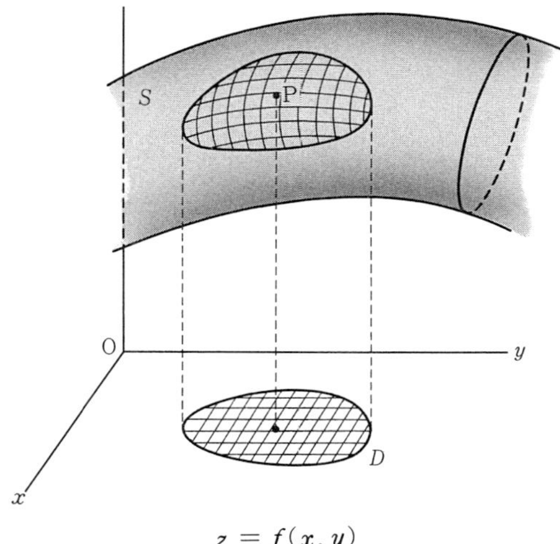

$$z = f(x, y)$$

と表わされている場合を考えてみよう．点 P の座標を (x_0, y_0, z_0) とし，(x_0, y_0) を含む xy-平面のある範囲(正確にいえば領域) D で，この関数 $f(x, y)$ が定義されているとしよう．D の点 (x, y) を決めると，曲面上の点

$$(x, y, f(x, y))$$

がただ1つ決まるのだから，(x, y) は曲面の1点を指定していることになり，したがって (x, y) は曲面の座標を与えているとも考えられる．これは図を見てもわかるように，xy-平面にある D を切り取って，垂直方向に移動し，曲面 S 上で P のまわりに貼ったような感じになっている．このように D を S 上に貼るときに，いわば D はゴム膜のように伸び縮みするが，その度合は各点における曲面までの高さ $f(x, y)$ によって決められている．

このように考えると“高さを測る”という視点が消えて，曲面の高さは，下の平面にある座標をどれだけ垂直方向に移動して曲面上に密着させるかということを示しているようである．

このような新しい見方をもっと進めてみるために，曲面のおかれている空間の xyz-座標とは無関係に，抽象的に1つの座標平面を考え，それを uv-座標平面とすることにしよう．もともと平面上の座標とは，2つの数の組 (u, v) を用いて平面上の点を表わすために考えられたものであり，その意味では，座標とは数の組 (u, v) と平面上の点とを1対1に連続的に対応させる規則であるといってよいのである．この座標の考えを曲面にまで適用しようとするならば，高さの例でもわかるように，曲面上では考える範囲を局所的なところに制限しておく必要があるから，次のような述べ方になるだろう．

いまもし uv-座標平面のある範囲（正確には領域）D と曲面上のある範囲 V との間に1対1の連続的な対応

$$\varphi : D \longrightarrow V$$

があって，この対応で座標 (u, v) をもつ D の点が，V の点Pに移るならば，Pも座標 (u, v) をもつという．そして V には φ を通して座標が入ったという．

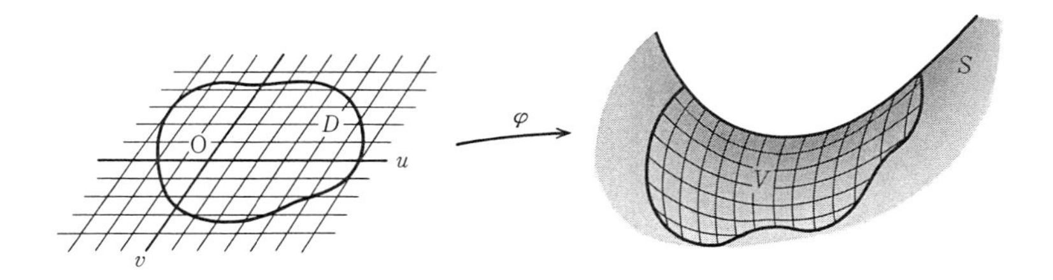

いままでの話のように“高さ”を考えたのは，この φ が，具体的な xy-平面や xz-平面，yz-平面から，曲面上までの高さによって座標を曲面まで持ち上げるという操作で与えられたことを意味している．曲面はどの点をとっても，その点のまわりでは3つの座標平面のどれかをとれば，必ずこのような形で得られた座標をもっている．

それをこのように，曲面とは無関係な uv-座標系からの1対1の連続写像 φ として概念を一般化したのは，たとえば，xy-平面からの高さを通して座標 (x, y) を曲面上に導入するという見方にこだわると，xy-平面を特別に取り出した意味がいつまでもつきまとうわずらわしさがあるからである．上に述べたような数学的な言い方では，確かに曲面上の V に座標を導入する仕方は抽象的なものにみえるが，ボールや浮輪の表面に，uv-座標を書きこんだ紙を適当に切って貼ることを考えてみると，話は急に日常的なものになる．実際，浮輪の表面はこのような紙を何枚か貼り合わせて，全体をおおうことができる．

浮輪が眼の前に置かれていると想像したとき，このことはごく自然に思い浮かべることができる．それに反し浮輪の話の途中に突然 xy-平面などを持ち出すのは，かえって何か不自然な感じがするだろう．そう思って，上に述べたことをもう一度定義として述べると，これは曲面にとってごく自然な定義であると感じられてくるのである．

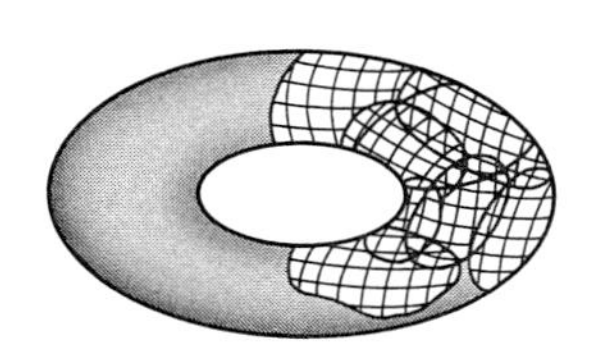

ドーナツ面を局所座標で貼り合わせていく

定義　uv-座標平面の領域 D から曲面 S のある範囲 V の上への1対1連続写像 φ が与えられたとき，$\{(u,v),\varphi\}$ を V 上の**局所座標**という．V の点Pに対し

$$\varphi:(u,v)\longrightarrow \mathrm{P}$$

となっているとき，点Pの局所座標は (u,v) であるという．

もちろん V 上の局所座標のとり方はいろいろある．

曲面 S が座標空間 $\boldsymbol{R}^3$ にあると考えると，曲面 S の各点は座標によって (x,y,z) と表わされる．V に局所座標 (u,v) が入っていれば，対応

$$\varphi:(u,v)\longrightarrow \mathrm{P}\quad(\in V)$$

は，Pの座標を (x,y,z) とすれば

$$x=x(u,v),\qquad y=y(u,v),\qquad z=z(u,v)$$

と表わされることになる．(u,v) が変われば，(x,y,z) はそれに応じて連続的に変化する．したがって，右辺に現われた $x(u,v)$, $y(u,v)$, $z(u,v)$ は変数 u,v についての実数値の連続関数となっている．

局所座標の例

いくつかの例を挙げておこう．

(a)　xy-平面上の領域 D の上で，曲面 S の一部分 V が

$$z=f(x,y)$$

と表わされているとき，(x,y) は V の局所座標であって対応

$$\varphi:(x,y)\longrightarrow(x,y,f(x,y))$$

が V の局所座標を与える写像となっている．

（b） xz-平面上の領域 D の上で，曲面 S の一部分 U が

$$y=g(x,z)$$

と表わされているとき，(x,z) は U の局所座標であって対応

$$\phi:(x,z)\longrightarrow(x,g(x,z),z)$$

が U の局所座標を与える写像となっている．

（c） 球面 $x^2+y^2+z^2=a^2$ は，$0\leqq\varphi<2\pi$，$0\leqq\theta<\pi$ によって

$$x=a\sin\theta\cos\varphi,\quad y=a\sin\theta\sin\varphi,\quad z=a\cos\theta$$

と表わされる．球面から，xz-平面との交わりの大円 $x^2+z^2=a^2$ で $x\geqq0$ の部分を“日付変更線”として除いた部分を V とすると

$$\{(\theta,\varphi)\mid 0<\theta<\pi,\ 0<\varphi<2\pi\}$$

は上の対応で V 上の局所座標となっている．

（d） ドーナツ面は

$$x=(a\cos\varphi+b)\cos\theta$$
$$y=(a\cos\varphi+b)\sin\theta$$
$$z=a\sin\varphi$$
$$0\leqq\varphi<2\pi,\quad 0\leqq\theta<2\pi$$

と表わされるが，図の太線で表わしてある 2 つの円周 C_1,C_2 をドーナツ面から取り除く．C_1 は xz-平面による切り口で $x>0$ の部分，C_2 は xy-平面による切り口である．このとき残された部分を V とすると，

$$\{(\theta,\varphi)\mid 0<\theta<2\pi,\ 0<\varphi<2\pi\}$$

は上の対応で V 上の局所座標となっている．

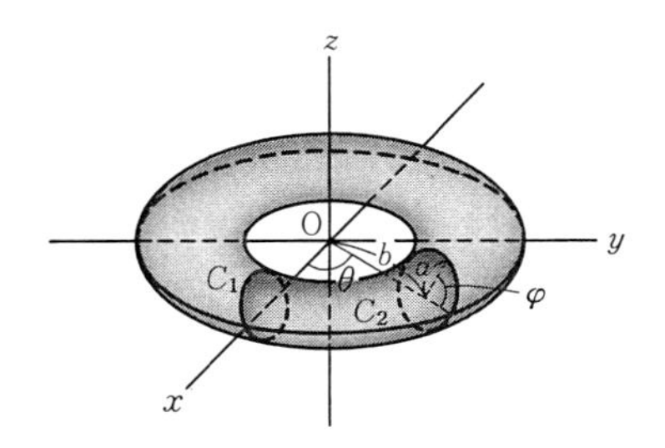

実際，この太線にそってハサミをいれてドーナツを切り開くこと

ができる．このときこの切り開いた平面上の点が (θ, φ) で表わさているのである．

この (c) と (d) を見るとわかるように，球面も，ドーナツ面も，θ と φ でパラメータ表示できているのだが，局所座標というときには，平面上の点と連続的に1対1に対応するという条件をおいたため，“日付変更線”のように1周するともどってくるような場所は除く必要が生じてくるのである．

“柔らかな面”としての曲面

いままでは曲面の表わし方について述べてきた．曲面を1つとったとき，一般的にはそれは数学的にはどのような表わし方があるかを問題としてきたのだから，“先生の話”でいえば曲面を1つの硬い面として見ていたことになる．

パンを作る職人さんや粘土細工をして遊んでいる子供のように，曲面を柔らかい面として見たときには，数学的には曲面のどのようなことが問題となるかについて，少し触れておこう．

パン作りの職人さんは，ドーナツをつくるとき，必ずしも4頁(Ⅱ)で式で示したようなドーナツをつくろうとは思っていないだろう．そのような完全なドーナツはパターンとして存在しても，現実にはさまざまな形のドーナツが出来上がる．しかし少し形が変わってもドーナツというなら，次頁の図のように少しずつ変形していったとき，どこまでがドーナツで，どこからがドーナツでないと断定することはできなくなるだろう．つまり柔らかな面と考えれば図の曲面は，すべてドーナツ面という1つのカテゴリーに入ってしまうことになる．

そうなってくるとこれらの曲面を数学的にどのように表示するかということよりも，これらの曲面をすべてドーナツ面と私たちに認めさせるような共通な性質は何かということが問題となってくるだろう．

実際，この図の右端に現われてきたような曲面は，曲面の解析的

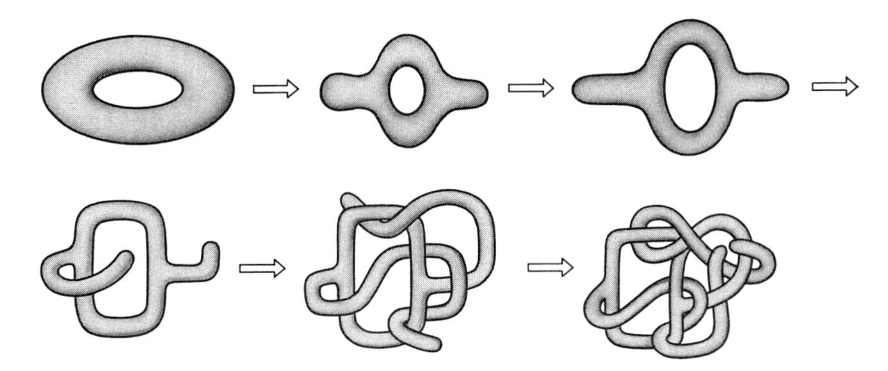

表示を問題とするときには，教科書の中には絶対といってよいほど登場しないものである．曲面を見る視点を“柔らか”なものに変えなければ，このような曲面が数学の対象としてはっきりと意識されたかどうかさえ疑わしい．“柔らか”な曲面を，そのもつ共通の性質を取り出し，どのように分類したらよいかなどということを考えはじめると，関数とは直接関係しなくなってそれはトポロジーとよばれる数学の研究分野へと足を踏み入れていくことになる．これについては金曜日の主題として取り上げて，もう少し詳しく述べることにしよう．

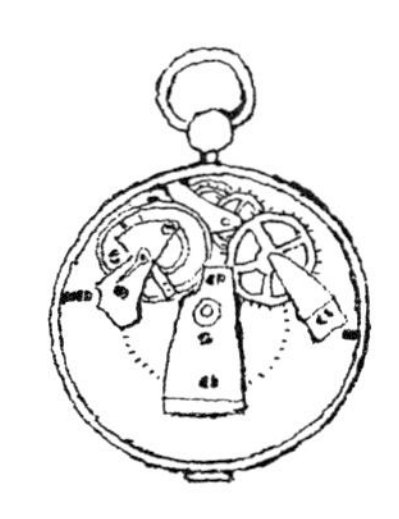

歴史の潮騒

曲面に関する研究がはじまったのは，18 世紀後半からだが，それにくらべると，曲線に関する研究はずっと昔から行なわれていた．曲面に関する歴史は火曜日以後にも述べる機会があるので，ここでは対照的にまず最初に曲線の研究について，触れておこう．

アルキメデスは角の 3 等分の問題からアルキメデスのらせんとよばれている $r=a\theta$（a は正の定数）という曲線の性質を調べ，また放物線の面積を求めた．楕円，放物線，双曲線を円錐曲線というが，円錐曲線については，アルキメデスよりもすでに 1 世紀も前に知られていたという．アポロニウス(B.C. 262～190?)は 8 巻におよぶ大著『円錐曲線論』(現存するものは 7 巻)を著わし，円錐曲線のもつ性質を，統一的に深く広く解明した．その内容の豊かさは驚くべきものがある．これについてはボイヤー『数学の歴史』(朝倉書店)を参照すると，その内容を察することができる．

フェルマーとデカルトにより，独立に導入された解析幾何によって，円錐曲線は2次曲線として特性づけられることが示された．そしてさらに3次以上の代数曲線，たとえばデカルトの葉線とよばれる $x^3+y^3=3xy$ のような曲線の研究へと進むことになった．ニュートンは1695年に3次曲線の分類を試みた．3次曲線とは，x と y の関係が，次のような関係で結ばれている曲線である：

$$ay^3+bxy^2+cx^2y+dx^3+ey^2+fxy+gx^2+hy+kx+l = 0$$

一方，力学的な問題から生じてくるさまざまな曲線は，一般には微分方程式の解として得られる超越曲線であった．たとえばホイヘンスが1659年に見出したように，等時性曲線はサイクロイドとなる．ここで等時性曲線とは，その曲線にそって降下する質点は，曲線上のどこから出発しても最低点に達する時間は等しくなるような曲線をいう．

♣ サイクロイドとは，直線上を円がすべることなくころがっていくときに，それにつれて円周上の定点が描く曲線であって，円の半径を1としたとき

$$x = \theta-\sin\theta, \quad y = 1-\cos\theta$$

と表わされる．

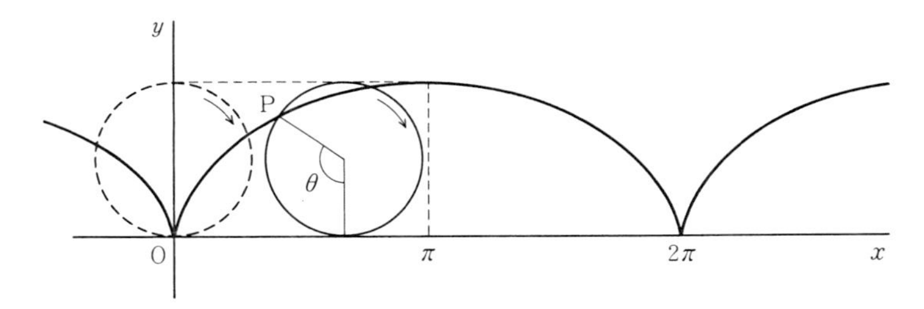

また重さが均質に分布している糸を吊ったとき，糸が垂れ下がる形は，懸垂線とよばれているが，この曲線はどのようなものかという問題は，1690年にジェームス・ベルヌーイによって提起された．これに対する解答は翌年ジョン・ベルヌーイとホイヘンスとライプ

ニッツによって独立に与えられた．答は

$$y=\frac{a}{2}(e^{\frac{x}{a}}+e^{-\frac{x}{a}})$$

である($a>0$)．ジョン・ベルヌーイは，この曲線が微分方程式

$$y'=\frac{s}{a}$$

をみたすことを示した．ここで s は最下点から測った糸の長さである．

このようにさまざまな曲線について，その形や曲線のもつ固有の性質について詳しく調べることが，17 世紀から 18 世紀にかけて盛んに行なわれたようである．その名残りというわけでもないだろうが，以前は微積分の教科書の中に“曲線の追跡”という 1 章がおかれることが多かった．そこでは微分を用いて，方程式で表わされるさまざまな曲線の形を追求していた．

曲線は，解析幾何と微分の方法とが融合する地点として，はっきりとした数学の研究対象となったのだろうが，それに反し曲面は扱いにくい対象であったに違いない．数学史家ベルは，曲面が数学の対象となったのは，1569 年にメルカトールが世界地図を作成する際，メルカトールの投影法——球面を赤道面に接し，南北方向に無限に延びている直円柱上に中心から投影する法——を考えついたのが最初ではなかったかという．ベルはこの世界地図作成の中に，球面をどのように平面に投影するかという曲面論の基本的発想を見たのかもしれない．

第 1 週，第 2 週でたびたび引用したオイラーの『無限解析入門』は実は 2 巻から成っており，以前引用したのは第 1 巻の方である．第 2 巻の方は曲線論であって主に 2 次，3 次，4 次曲線を調べているが，この巻の最後に“曲面についての付録”という 1 章が加えられている．この内容は散発的でよく読みとれないが，オイラーが曲面という対象をどのように数学的に取り扱うのか苦渋している感じは伝わってくる．だが，それでも研究の方向は定まっているというオイラーの確信は，最初の部分にある次の文章から十分読みとるこ

とができる．

“平面とは異なる曲面の性質は，それがいたるところ平面と違っている限り，たやすく理解することができる．ちょうど曲線の性質を，ある直線を座標軸にとりそこからの距離を用いて調べるように，私たちは，曲面を任意に選んだ平面から各点への距離によって調べることにする．そのため，その性質を調べようとする曲面が与えられたとき，任意に1つの平面をとって，その平面から曲面の各点への垂直方向の距離を考える．そしてこの距離のみたす方程式を求めることを試みる．曲面の性質は，この方程式から決定され得るものである，と私は主張する．そしてまた逆に，このような方程式から曲面の各点がどこにあるかを知ることができ，したがって曲面自身が決定されるのである．”

1760年になってオイラーは曲面上の曲率の研究に向けての端緒を与える重要な仕事を発表した．それについては水曜日に述べることにしよう．また1772年には，曲面が平面上に距離を変えないまま展開できるための必要条件を求めている．オイラーはこの頃になると，『無限解析入門』を著わしたときより，はるかにはっきりと曲面に対する基本的なアイディアを得ていたようである．この頃書かれた小さな断章に“なお曲面の性質によって，2変数の関数がいたるところ座標となるべき理由”というのがある．しかし不思議なことにオイラーも，またオイラーと同時代の人たちもこの観点をもうこれ以上は追求しようとはしなかったのである．座標は空間の絶対的な枠組みとして，空間に組みこまれているという考えを根本的に変えてしまって，座標(x,y,z)を2変数u,vの関数とみるという，今となってはむしろ当り前の考えを曲面論に取り入れるためには，結局のところガウスの天才を要したのである．それは19世紀になってからのことであり，それ以後曲面論は急速に進歩するようになった．その道はやがて20世紀となって，広範な研究対象をもつ微分幾何学へと接続されていったのである．

曲面を柔らかな面としてみるトポロジーは，これとはもちろんまったく異なる視点に立っている．オイラーの見方と対峙するような，このような視点に立つ新しい曲面論を創り出すためには，方法論的にも何か新しいものを導入する必要が生じてくるだろう．これについては，金曜日の“歴史の潮騒”で少し触れることにしよう．

先生との対話

先生が教室の全員をひとまずずっと見渡されてから

「今日は曲面を見る視点ということを中心にしてお話ししました．いつも皆さんが見なれている曲面を，数学的対象として扱うなどということは，たぶん考えてみたこともなかったでしょうが，それは手がかりも見つけにくいような，非常にむずかしい問題だったのです．」

といわれた．皆はそれぞれに複雑な形をした曲面を思い浮かべていた．山田君は少し別のことを考えていたようで，そのことを話しだした．

「ぼくはデパートへ行ったときのことを考えていたのですが，食品売場に並べられているさまざまな食品や，家具売場の家具や，要するにデパートにある種々雑多の品物がすべて，その表面を見れば曲面の例を与えているわけですね．平面幾何ならば，定規とコンパスで書ける図形，基本的には線分と円からつくられる図形だけを数学的対象としたわけですが，曲面では，そのような何か規格化されたものだけを取り出して，理論をつくっていくようなことはしないのですか．」

誰かが

「長方形と球面と円錐だけ考えたって仕方ないように思うなあ．」

といった．先生は次のように答えられた．

「そうなのです．曲面はあまりにも多様な形を示しているので，いわばどこから何を考えてよいかわからないという状況なのです．規格化したものを取り出すといっても，何を取り出すのがよいのかもわからないのです．球面を考えるならば，形のよいドーナツも考えた方がよいようですし，そうすると 2 つ穴のあいた浮輪をどうするか，また楕円面はどうするかなどということがすぐに問題となってきて，際限がなくなります．そのため，結局すべての曲面を対象にするということになりますが，それは古典的な幾何学のように，図形の中からある数学的モデルを抽象して，それを公理化して理論体系をつくるようなこととは，全然別の考えに立つことになります．実際，曲面論は幾何学が熟成期を迎えた19世紀数学の中にあっても，独特な位置を占めていたようです．」

明子さんが質問した．

「平面幾何では，ふつうは図形相互の関係を問題にしますが，曲面を考えるときには1つの曲面のもつ性質を調べるのですね．でも，1つ1つの曲面はそれぞれ独特な形をしていますから，それらを共通に調べる方法というのはあるのでしょうか．」

先生は考えながらゆっくりと答えられた．

「明子さんの質問にひとことで答えるとしたら，“硬い面”に対しては曲面の小さい部分を調べるには共通な方法があって，それは微分を用いる方法であるということになるでしょう．これについてもう少し補足しておきましょう．オイラーが『無限解析入門』を著わした動機は，代数的手法を必要ならば無限級数を通して解析学に積極的に適用してみることでした．2巻目の曲線論ではオイラーはその考えを代数曲線や超越曲線に適用してみたのですが，曲面論では十分には成功しなかったようです．それがたぶん曲面についての章を付録とした事情ではなかったかと推察しています．1つ1つの曲面は眼に見えるはっきりした形をとっているのに，曲面に近づいていく数学的な道は曲面の微小な場所——微分的な世界——の中にだけ深く隠されており，その入口がなかなか見出せないということが，ある意味では謎めいたことだったのですね．曲面の1点のごく近くを見れば，曲面の接平面が曲面を近似しており，その点のまわりでの接平面の変化は曲面の微妙な曲がり方を反映しています．それはどの曲面をとってもいえることでしょう．接平面は1点のまわりで不安定に揺れ動きます．もしこの揺れ動く状況を調べていく方法が見出せるならば，そこに，曲面を研究する手がかりが得られるに違いありません．実際は接平面と接平面に直交する法線ベクトルの変化をみることになります．しかしこの方向を進めるためには，微分の方法に基づく視点が曲面に対して一層強く向けられることが必要だったのです．」

先生の話をじっと聞いていたかず子さんは，先生の話から第3週の積分的世界を思い出したようだった．

「先生のお話を聞いているうちに思ったのですが，曲面全体を見る視点というのは，そうすると積分的なものであるといってよいのでしょうか．」

「そうですね，あとでできれば少しお話ししたいと思っているガウス-ボンネの定理というのは，確かに積分を使って，曲面全体に関する大切な情報を得ています．曲面全体を俯瞰するような視点はかず子さんが考えたように積分的なものといえますが，それは総合的なものであって，積分は曲面の形そのものを調べる場合には一般的な広い方法にはなっていないといってよいでしょう．しかし20世紀数学はいろいろな形で，積分の考え方を曲面の上に展開して，そこから曲面についての“大域的な量”を取り出そうと試みています．」

問　　題

［1］ $a>b>c>0$ のとき，次の曲面は楕円面を表わしていることを示しなさい．

$$x = a\cos u\cos v, \quad y = b\sin u\cos v, \quad z = c\sin v$$

［2］ $x=a(u+v)$, $y=b(u-v)$, $z=4uv$ はどのような曲面を表わしているか．

［3］ xz-平面上に z 軸と交わらない曲線 $x=f(u)$, $z=g(u)$ を考える．この曲線を z 軸のまわりに回転して得られる曲面の式は

$$x = f(u)\cos v, \quad y = f(u)\sin v, \quad z = g(u)$$

で与えられることを示しなさい．

お茶の時間

質問　曲面というと物体の表面を想像して，それでわかったと納得していましたが，以前クラインの壺という妙な形をしたものの模型を見たときのことを思い出しました．クラインの壺は表も裏もない壺ということでしたが，この壺は途中で交わっていました．このクラインの壺の表面もやはり曲面というのですか．大体，曲面とは数学的にどう定義するものなのでしょうか．

答　まずクラインの壺について説明しておここう．長方形の紙ABCDを，図のように対辺ABとDCを同じ向きに貼り合わせ，次にこの段階で円周となってしまった対辺ADとBCを同じ向きにもう一度貼り合わせるとドーナツ面になる．この2回目の貼り合わせを変えて，円周ADの向きとBCの向きが逆になるように貼ると，クラインの壺ができ上がる．クラインの壺は$\boldsymbol{R}^3$の中で実現しようとすると，必ず交わってしまう．おまけに裏と表の区別がつかないで，壺の中に落ちこんだ虫が裏を回っているうちにいつの間にか表

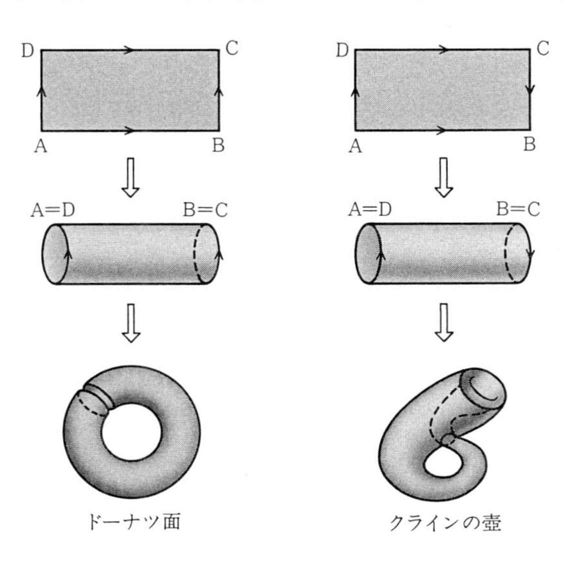

ドーナツ面　　クラインの壺

へ出る仕組みになっている．

この壺の表面のようなものも，曲面というのかいわないのかと聞かれれば，曲面のはっきりした定義を与える必要が生じてくる．数学では，曲面とはいわば小さくちぎった紙を順次貼って得られるような図形であると考える．この操作は抽象的に定義されているから，新しく紙を貼るとき，のりしろ以外の点は曲面に新しい点を与えていくと考えることにしているのである．要するに十分小さいところで曲面の形をしている図形は曲面であるということにするのである．

それでもクラインの壺が交わっている場所に不審な眼を向ける人は，曲線のことを考えてみるとよい．十分小さなところで曲線ならば，つなぎ合わせたものも曲線である．新雪の上を弧を描いていくスキーのシュプールは，交わっていても曲線というだろう．

火曜日

2変数の関数と曲線の曲率

先生の話

曲面は十分小さいところでは

$$x = x(u, v), \quad y = y(u, v), \quad z = z(u, v)$$

と表わされています．このような表示を使って曲面上に local geometry を展開していくためには，まず 2 変数の関数のことを学んでおく必要があります．変数として u, v をとることは，曲面のパラメータとしてはとくに違和感はありませんが，2 変数の関数のことを話すときには，やはり変数を x, y として

$$z = f(x, y)$$

を考える方が自然のようです．

さて，このような関数を考えるときには，x と y の動く範囲をあらかじめ決めておく必要がありますね．そのため xy-座標平面の領域 D をとって，(x, y) は D の中を動くというように設定しておきましょう．領域 D の定義はガウス平面のときは第 2 週，水曜日で与えておきましたが，座標平面のときも同じように定義します．念のため書くと次のようになります．

xy-座標平面の中の点の集り D が次の条件をみたすとき，**領域**という．

（i） D の点 (x_0, y_0) に対し，正数 ε を十分小さくとっておくと，(x_0, y_0) から ε 以内にある点 (x, y)，すなわち

$$\sqrt{(x-x_0)^2+(y-y_0)^2} < \varepsilon$$

をみたす点 (x, y) もまた D に入っている．

（ii） D の 2 つの点 (x_0, y_0)，(x_1, y_1) は連続曲線で結ぶことができる．

領域 D 上で定義された関数 $z = f(x, y)$ が**連続**ということは，D の各点 (x_0, y_0) で

$$x \to x_0, \quad y \to y_0 \quad \text{ならば} \quad f(x, y) \to f(x_0, y_0)$$

が成り立つということです．皆さんもこの定義はごく自然なものと

思われるでしょう．実際，第5週の方程式を除けば，連続性という概念は，この物語の基調でもあるかのようにいつも流れ続けていました．

ところが2変数の関数 $z=f(x,y)$ に対して，微分の概念をどのように導入したらよいかということになると，少し立ち止って考えなくてはいけなくなります．点 (x,y) は領域 D の中を自由に動きまわります．一方，私たちがここでしたいことは，1変数の関数 $y=\varphi(x)$ のときの微分の考え

$$\varphi'(x)=\lim_{h\to 0}\frac{\varphi(x+h)-\varphi(x)}{h}$$

を，2変数のときにどのように拡張していくのかということです．

2変数の関数といっても，1つの変数 y の方をとめて考えれば，x だけの関数となるわけです．この考えにしたがえば，$f(x,y)$ が (x_0,y_0) で微分ができるということを，まず y の方を y_0 でとめて，極限値

$$\lim_{h\to 0}\frac{f(x_0+h,y_0)-f(x_0,y_0)}{h} \tag{1}$$

が存在することと，また x の方を x_0 でとめて，極限値

$$\lim_{k\to 0}\frac{f(x_0,y_0+k)-f(x_0,y_0)}{k} \tag{2}$$

が存在することであると定義することが自然のように思えます．このときに(1)と(2)をそれぞれ

$$\frac{\partial f}{\partial x}(x_0,y_0),\qquad \frac{\partial f}{\partial y}(x_0,y_0)$$

と書いて，$f(x,y)$ の (x_0,y_0) における**偏微分**といいます．D の各点で偏微分ができるとき，$f(x,y)$ は D で**偏微分可能**であるといいますが，このときは D 上で**偏導関数**

$$\frac{\partial f}{\partial x},\quad \frac{\partial f}{\partial y}$$

を考えることができることになります．

$z=f(x,y)$ のグラフは，$\boldsymbol{R}^3$ の中で曲面として表わされますが，

このとき，$\dfrac{\partial f}{\partial x}(x_0, y_0)$ は，xz-平面に平行な平面でこの曲面を切ったとき，切り口の曲線に注目して，この曲線の (x_0, y_0) における接線の傾きを求めたことになっています．それは図を見るとわかるでしょう．同じように，$\dfrac{\partial f}{\partial y}(x_0, y_0)$ は yz-平面方向で切ったときの，切り口に現われる接線の傾きを示しています．

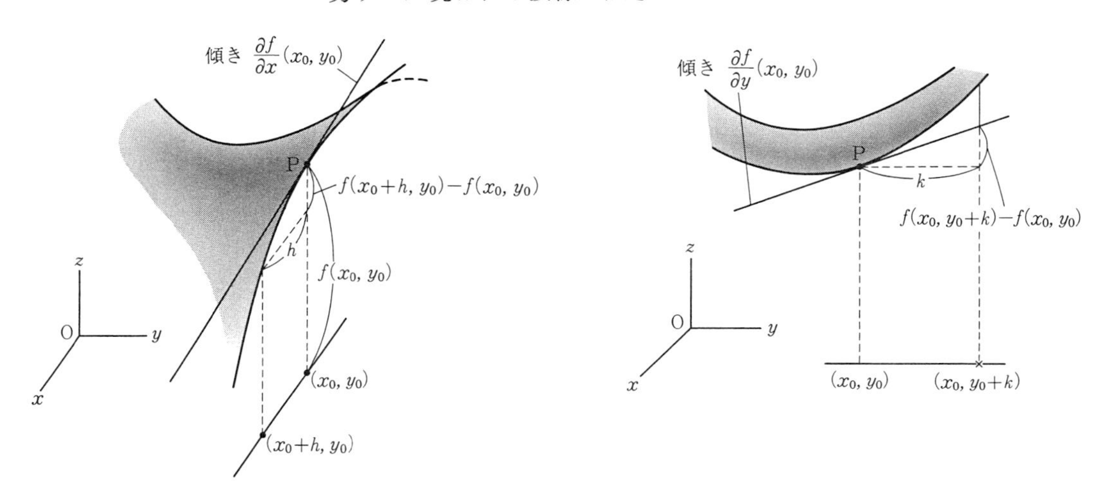

ですから，x 軸の方向を東西方向，y 軸の方向を南北方向とすると，$f(x, y)$ が偏微分可能ということは，$z=f(x, y)$ で表わされる曲面を，東西方向から切った切り口と，南北方向から切った切り口は，いつも接線が引けるようになだらかにつながっているということです．

しかし，山登りの好きな人や，スキーによく出かける人は，ここできっと少し首をかしげて，偏微分可能という定義にひそむ不十分さを感じとるでしょう．それは，東西方向や，南北方向からの尾根道はすべてなだらかで，この方向から山に近づくことができても，たとえばこれとは別方向の東北方向から山に近づくと，そこでは絶壁に出会うことがあるからです．曲面の形状は，東西と南北方向からの 2 方向からだけでは，決して推測できないのです．そのことは，偏微分可能な関数でも，そのグラフの示す曲面に絶壁——不連続性——が現われるものがあるに違いないと予想させます．そのような例は実際たくさんあるのですが，次の例はその中でももっとも簡単なものです．

$$f(x,y)=\begin{cases}\dfrac{xy}{x^2+y^2} & (x,y)\neq(0,0)\\ 0 & (x,y)=(0,0)\end{cases}$$

この関数は偏微分可能ですが(問題[1]参照)，原点を通る直線 $y=mx$ 上では，$x\neq 0$ のとき

$$f(x,mx)=\frac{m}{1+m^2}$$

となって一定値ですから，この直線に沿って (x,y) が原点に近づくとき，$m\neq 0$ ならば $f(x,y)$ は決して0に近づかず，$f(x,y)$ は原点で不連続のことがわかります(図参照)．

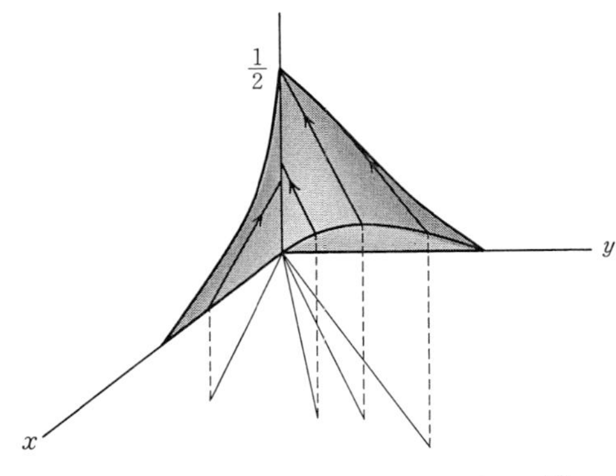

$y=mx$ の方向では，尾根の高さは一定で $\dfrac{m}{1+m^2}$

これだけの話を前おきにして，これから今日の本題に入っていくことにしましょう．

接平面と微分可能性

$z=f(x,y)$ を座標平面 $\boldsymbol{R}^2$ の領域 D 上で定義された2変数の関数とし，D 上で偏微分可能とする．このとき D 上で偏導関数 $\dfrac{\partial f}{\partial x}$, $\dfrac{\partial f}{\partial y}$ が定義される．簡単のため，この偏導関数を

$$f_x(x,y)=\frac{\partial f}{\partial x}(x,y),\qquad f_y(x,y)=\frac{\partial f}{\partial y}(x,y)$$

と書くこともある．

偏微分の定義は，関数を微分するという立場で見るときはごく自然なものと思われる定義であるが，$z=f(x,y)$ のつくるグラフを曲面と見るときには，x 方向と y 方向の切り口の曲線の接線しか考えていないという中間的な定義となっている．曲線に対しては接線が引けるかどうかを微分の考えの基礎においたが，対応することを曲面でいえば，曲面に対して接平面を描けるかどうかが問題となってくるだろう．

一般に点 (x_0, y_0, z_0) を通る**平面の方程式**は

$$a(x-x_0)+b(y-y_0)+c(z-z_0) = 0 \tag{3}$$

で表わされる．ここで $(a,b,c)\neq(0,0,0)$．この式はベクトル記号

$$\boldsymbol{a} = (a,b,c), \quad \boldsymbol{x} = (x,y,z), \quad \boldsymbol{x}_0 = (x_0,y_0,z_0)$$

と $\boldsymbol{R}^3$ の内積 $(\ ,\ )$ を用いて

$$(\boldsymbol{a}, \boldsymbol{x}-\boldsymbol{x}_0) = 0$$

と書いた方がはっきりする．すなわちこのように書いてみると，(3)の式は，ベクトル $\boldsymbol{a}$ に直交するベクトル $\boldsymbol{x}-\boldsymbol{x}_0$ の終点全体が表わす平面の式となっていることがわかる．

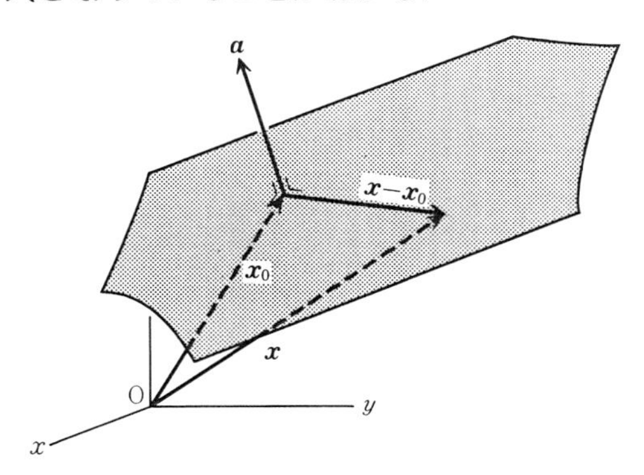

さて，曲面 $z=f(x,y)$ 上の1点 (x_0,y_0,z_0) をとる．$f(x,y)$ は偏微分可能であると仮定していたから，(x_0,y_0) におけるこの曲面の x 方向の切り口の接線の式は

$$z-z_0 = f_x(x_0,y_0)(x-x_0), \quad y = y_0 \tag{4}$$

で表わされる．同様に y 方向に切ったときの切り口の接線の式は

$$z-z_0 = f_y(x_0,y_0)(y-y_0), \quad x = x_0 \tag{5}$$

で表わされる．まだ接平面の定義は与えていないが，もし，(x_0, y_0, z_0) で曲面 $z=f(x,y)$ の接平面があったとするならば，(4)と(5)の直線はこの接平面上に乗っていることになるだろう．ところが2直線(4),(5)が乗っている平面はただ1つしかなく，その平面の式は

$$z-z_0 = f_x(x_0, y_0)(x-x_0)+f_y(x_0, y_0)(y-y_0)$$

となっているから，もし接平面があったとすれば，接平面の式は，この式で与えられなければならない．$z_0=f(x_0, y_0)$ だから，この式はまた

$$z = f(x_0, y_0)+f_x(x_0, y_0)(x-x_0)+f_y(x_0, y_0)(y-y_0)$$

と書くことができる．

このことをあらかじめ頭に入れた上で次の定義をおく．

定義　$z=f(x,y)$ が (x_0, y_0) で偏微分可能であって，さらに

$$\lim_{\substack{x\to x_0\\ y\to y_0}} \frac{f(x,y)-\{f(x_0, y_0)+f_x(x_0, y_0)(x-x_0)+f_y(x_0, y_0)(y-y_0)\}}{\sqrt{(x-x_0)^2+(y-y_0)^2}}$$
$$= 0 \qquad (6)$$

が成り立つとき，$z=f(x,y)$ は (x_0, y_0) で**微分可能**であるという．

♣　1変数関数 $y=f(x)$ のとき，x_0 で $f(x)$ が微分可能である定義は

$$\lim_{x\to x_0} \frac{f(x)-f(x_0)}{x-x_0} = f'(x_0)$$

すなわち

$$\lim_{x\to x_0} \frac{f(x)-\{f(x_0)+f'(x_0)(x-x_0)\}}{x-x_0} = 0$$

が成り立つことであったことを注意しておこう．ここで分子に現われている $f(x_0)+f'(x_0)(x-x_0)$ は接線の式を表わしており，分母は $|x-x_0| = \sqrt{(x-x_0)^2}$ と書いても同じことである．このように書き直してみると，(6)が，接平面を想定した上での，1変数関数の微分可能性の自然の拡張となっていることがわかるだろう．

$f(x,y)$ が (x_0,y_0) で微分可能ならば，$f(x,y)$ は (x_0,y_0) で連続となる．もう絶壁は現われない！　このことは(6)の式を書き直してみると

$$f(x,y)-f(x_0,y_0) = f_x(x_0,y_0)(x-x_0)+f_y(x_0,y_0)(y-y_0)+\varepsilon_1$$
$$\varepsilon_1 = \varepsilon\sqrt{(x-x_0)^2+(y-y_0)^2}$$

ここで $x\to x_0$，$y\to y_0$ のとき，$\varepsilon\to 0$ となり，したがってまた $\varepsilon_1\to 0$ となることからわかる．

また $f(x,y)$ が (x_0,y_0) で微分可能ならば，xy-平面上で，x 軸方向からみて θ 方向から曲面 $z=f(x,y)$ を切るとき，この切り口の曲線の (x_0,y_0) における接線の傾きは

$$f_x(x_0,y_0)\cos\theta+f_y(x_0,y_0)\sin\theta$$

で与えられる．このことは(6)の式で

$$x = x_0+r\cos\theta,\qquad y = y_0+r\sin\theta$$

とおいて $r\to 0$ としてみるとよい．

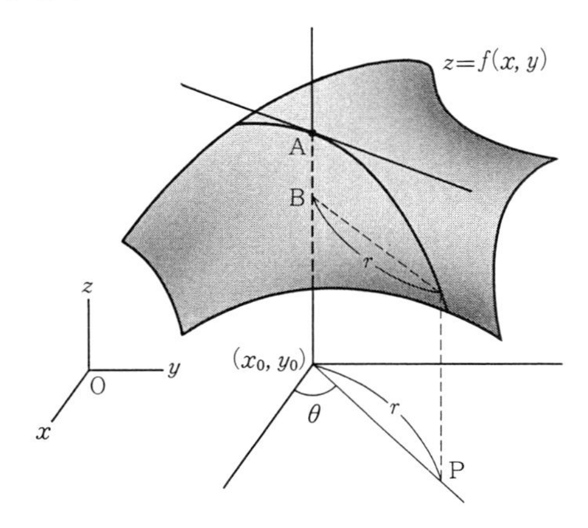

Pの座標：$(x_0+r\cos\theta,\ y_0+r\sin\theta)$
$AB=f(x_0,y_0)-f(x_0+r\cos\theta,\ y_0+r\sin\theta)$

ここで 2 つの定義を与えておこう．

定義　$z=f(x,y)$ が (x_0,y_0) で微分可能なとき，(x_0,y_0) を通る平面

$$z-z_0 = f_x(x_0,y_0)(x-x_0)+f_y(x_0,y_0)(y-y_0) \qquad (7)$$

を，$z=f(x,y)$ の (x_0,y_0) における**接平面**という．

この接平面の式をベクトルを用いて表わすため

$$\boldsymbol{x}-\boldsymbol{x}_0 = (x-x_0, y-y_0, z-z_0)$$

$$\boldsymbol{n} = (f_x(x_0, y_0), f_y(x_0, y_0), -1)$$

とおくと，(7)は内積を用いて

$$(\boldsymbol{x}-\boldsymbol{x}_0, \boldsymbol{n}) = 0$$

と表わされる．$\boldsymbol{n}$ は接平面に直交する方向のベクトルを表わしている．

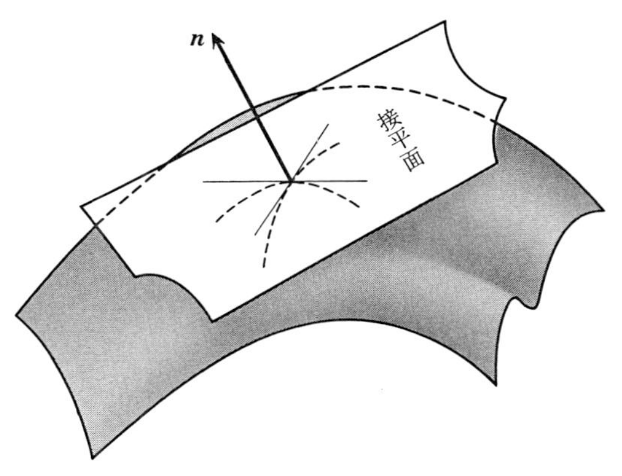

定義　$\boldsymbol{n}$ を $z=f(x,y)$ の (x_0, y_0) における**法線方向のベクトル**という．

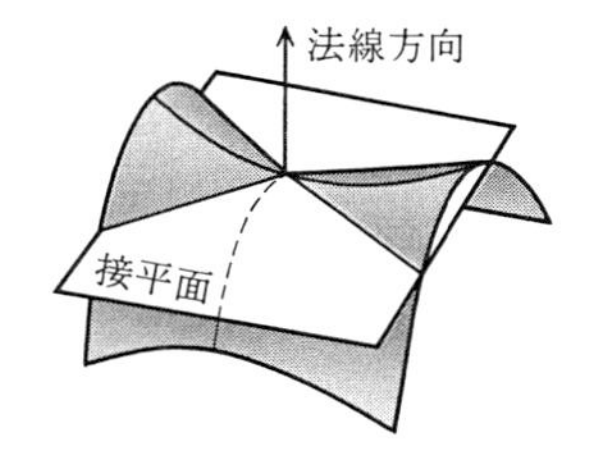

なお，曲面の (x_0, y_0) における接平面というと，(x_0, y_0) の十分小さい範囲では曲面は接平面の一方の側にあるように感じがちであるが必ずしもそうではない．双曲放物面上の“鞍の中心点”でおきるそのような典型的な例を図で示しておいた．

C^∞-級の関数

平面 $\boldsymbol{R}^2$ の領域 D 上で定義された関数 $z=f(x,y)$ が，D の各点で偏微分可能で，偏導関数

$$f_x(x,y), \quad f_y(x,y)$$

が D 上で連続のとき，$f(x,y)$ を **C^1-級の関数**という．このとき次の命題が成り立つ．

C^1-級の関数 $z=f(x,y)$ は，D の各点で微分可能である．

証明の考え方だけを述べておこう．(x_0,y_0) を D 内の 1 点とする．このとき

$$
\begin{aligned}
&f(x_0+h,y_0+k)-f(x_0,y_0)\\
&\quad= f(x_0+h,y_0+k)-f(x_0,y_0+k)+f(x_0,y_0+k)-f(x_0,y_0)\\
&\quad= hf_x(x_0+\theta_1 h,y_0+k)+kf_y(x_0,y_0+\theta_2 k), \qquad (0<\theta_1,\ \theta_2<1)
\end{aligned}
$$

となる．2 番目の式から 3 番目の式へ移るとき，変数 x，変数 y それぞれに対して平均値の定理を用いている．f_x，f_y の連続性から，この最後の式と

$$f_x(x_0,y_0)h+f_y(x_0,y_0)k$$

との差は，$\sqrt{h^2+k^2}$ と比べてもっと速く 0 に近づいている(高位の無限小！)ことがわかる．微分可能性の定義(6)と見比べるためには $x=x_0+h$，$y=y_0+k$ とおいてみるとよい．

C^1-級の関数 $f(x,y)$ に対しては，曲面 $z=f(x,y)$ の各点で接平面が接している．そして接平面の式(7)を見ると，接点 (x_0,y_0) が変化すると，それに応じてその係数 $f_x(x_0,y_0)$，$f_y(x_0,y_0)$ が連続的に変化していくことになる．したがって幾何学的なイメージとしては，C^1-級の関数の表わす曲面では，曲面上で接平面が連続的に大きく，また小さくうねりながら変化していくことになる．接平面は，いわば高波の間をかいくぐって波面をすべっていくサーフィンのボードのように，曲面の上を動いていく．

曲面の上を連続的に変化していくこの接平面の動きを，どのように捉え，そこから曲面の形状に関する情報をどのように引き出すかということが，実は曲面論にとってもっとも主要な問題となってくるのである．

1 変数関数のときは，接線の変化する模様は 2 階導関数 $f''(x)$ によって捉えられた．それは速度の変化は加速度であるとひとことでいえるようなことだった．曲面に対してはもはやそのような単純な状況を設定することを期待するわけにはいかない．しかしいずれにしても，接平面の変化を調べるためには，C^1-級の関数 $z=f(x,y)$

に対して，$f_x(x,y)$，$f_y(x,y)$ の微分を用意しておく必要があるだろう．そのため次の定義をおく．

定義　C^1-級の関数 $z=f(x,y)$ に対し，その偏導関数 $f_x(x,y)$，$f_y(x,y)$ が C^1-級の関数となるとき，$f(x,y)$ を **C^2-級の関数**という．

すなわち C^2-級の関数 $f(x,y)$ に対しては

$$f_x \text{の偏導関数}：f_{xx}=\frac{\partial}{\partial x}\left(\frac{\partial f}{\partial x}\right),\qquad f_{xy}=\frac{\partial}{\partial y}\left(\frac{\partial f}{\partial x}\right)$$

$$f_y \text{の偏導関数}：f_{yx}=\frac{\partial}{\partial x}\left(\frac{\partial f}{\partial y}\right),\qquad f_{yy}=\frac{\partial}{\partial y}\left(\frac{\partial f}{\partial y}\right)$$

が存在して，D 上連続な関数となる．ところがこのときあまり明らかとはいえない次の命題が成り立つのである．

C^2-級の関数 $f(x,y)$ に対して

$$f_{xy}(x,y)=f_{yx}(x,y)$$

が成り立つ．

この命題の証明はここでは省略する．たとえば高木貞治『解析概論』(岩波書店)第2章を参照していただきたい．この命題のおかげで，C^2-級の関数 $f(x,y)$ に対して考慮すべき“2階の偏導関数”は

$$\frac{\partial^2 f}{\partial x^2}\ (=f_{xx}),\qquad \frac{\partial^2 f}{\partial x\partial y}\ (=f_{xy}),\qquad \frac{\partial^2 f}{\partial y^2}\ (=f_{yy})$$

の3つとなる．

曲面論を展開する立場からいえば，C^2-級の関数を考えておくと大体十分なのであるが，もう少し一般的な立場に立つときには，C^∞-級の関数まで考えておいた方が理論全体が見通しがよくなる．C^∞-級の関数 $f(x,y)$ とは何回でも偏微分ができて，そうして得られた偏導関数がすべて連続となっているような関数である．上の命題を繰り返して適用すると，C^∞-級の関数に対しては，r 階の偏導関数は $r+1$ 個あって，それらは

$$\frac{\partial^r f}{\partial x^s \partial y^t} \qquad (s+t=r,\ s\geqq 0,\ t\geqq 0)$$

(x について s 回，y について t 回偏微分したもの)として表わされることがわかる．これらの偏導関数はすべて連続と仮定しているのである．

これからは私たちは，2変数の関数というときには，C^∞-級の関数だけを考えることにしよう．

極値をとる場所

2階の偏導関数を用いても，ここから直ちに曲面の接平面の変化を測って，曲面の形を示す量を取り出すというわけにはいかない．2階の偏導関数が曲面の形とどれだけ結びついているかは，そうわかりやすいことではないのである．そのことはたとえば C^2-級関数に対して成り立つ基本的な関係 $f_{xy}=f_{yx}$ が，一体，曲面の形について何を示しているのか判然としないことからも察することができる．

しかし曲面が極値をとる場所——山の頂き(極大値)と谷底(極小値)となる場所——は，2階の偏導関数からかなりよい情報を得ることができる．それは次のようにまとめられる．

領域 D 上で定義された2変数の関数 $z=f(x,y)$ に対し，D 内の1点 (a,b) で $f_x(a,b)=f_y(a,b)=0$ が成り立ったとする．このとき次の3つの場合をわけて考える：

(i) $f_{xy}(a,b)^2-f_{xx}(a,b)f_{yy}(a,b) < 0$

(ii) $f_{xy}(a,b)^2-f_{xx}(a,b)f_{yy}(a,b) > 0$

(iii) $f_{xy}(a,b)^2-f_{xx}(a,b)f_{yy}(a,b) = 0$

(i)のときは

$f_{xx}(a,b)>0$ ならば　極小値

$f_{xx}(a,b)<0$ ならば　極大値

(ii)のときは，(a,b) で極小値も極大値もとらない．

(iii)のときは，(a,b) で極値をとるときもあるし，とらないと

きもある(どちらの場合になるかはこれだけからは判定できない).

このことを示すには，2 変数の関数に対してもテイラーの定理が成り立つことを用いる(問題[3])．テイラーの定理から次の近似式が導かれる．

$$f(a+h, b+k) \fallingdotseq f(a, b)+f_x(a, b)h+f_y(a, b)k + \frac{1}{2}\{f_{xx}(a, b)h^2+2f_{xy}(a, b)hk+f_{yy}(a, b)k^2\}$$

いまの場合 $f_x(a, b)=f_y(a, b)=0$ を仮定していたから，たとえば $k \neq 0$ のときには

$$f(a+h, b+k) \fallingdotseq f(a, b)+\frac{k^2}{2}\left\{f_{xx}(a, b)\left(\frac{h}{k}\right)^2 + 2f_{xy}(a, b)\left(\frac{h}{k}\right)+f_{yy}(a, b)\right\}$$

となる．したがって｛　｝の中が $\frac{h}{k}$ についての 2 次式であることに注目すると，この 2 次式の判別式が負で，$f_{xx}(a, b)>0$ ならば｛　｝の中は正となり，$f(a+h, b+k)>f(a, b)$ が結論される．すなわち，h と k が十分小さいときは $f(x, y)$ は (a, b) で極小値をとる．また $f_{xx}(a, b)<0$ ならば極大値をとる．これが(i)の場合の結果である．なお(i)の条件から $f_{xx}(a, b)f_{yy}(a, b)>0$ であり，f_{xx} と f_{yy} の (a, b) における符号は一致していることを注意しておこう．

(ii)の場合は｛　｝の中の判別式が正の場合であって，$\frac{h}{k}$ の値によって｛　｝の中は正になったり，負になったりする．h, k はいくらでも小さくとれるから，h と k の比の値によって $f(a+h, b+k)>f(a, b)$ となったり，$f(a+h, b+k)<f(a, b)$ になったりする．したがって (a, b) で極値をとらない．双曲放物面 $z=x^2-y^2$ の原点がこの場合になっている．

(iii)の場合はたとえば x^3+y^3 や x^4+y^4 のとき原点で起きる状況である．これらの関数は，原点で 1 階と 2 階の偏導関数の値はすべて 0 となる．たとえば $f(x, y)=x^3+y^3$ のときは，$f_x=3x^2$，$f_y=3y^2$，

$f_{xx}=6x$，$f_{xy}=0$，$f_{yy}=6y$ だから，$x=y=0$ のとき，これらはすべて 0 となる．しかし x^3+y^3 は原点で極値をとらないが，x^4+y^4 は原点で極小値をとり，状況は一定していない．

平面曲線の曲率

曲面を調べる最初の手がかりはオイラーによって与えられた．オイラーは接平面に直交する平面で曲面を切ったときの切り口の曲線の曲率に注目したのである．その結果については水曜日に述べるが，その前に平面上の曲線の曲率について述べておく必要がある．

曲率は曲線の 1 点の近くにおける曲線の曲がり方の度合を，円弧の曲がり方と比較して測る量である．まずその感じをつかむために，曲線上の 1 点 P のところで，“できるだけよく”曲線に接する円を描いた図を眺めてみよう．

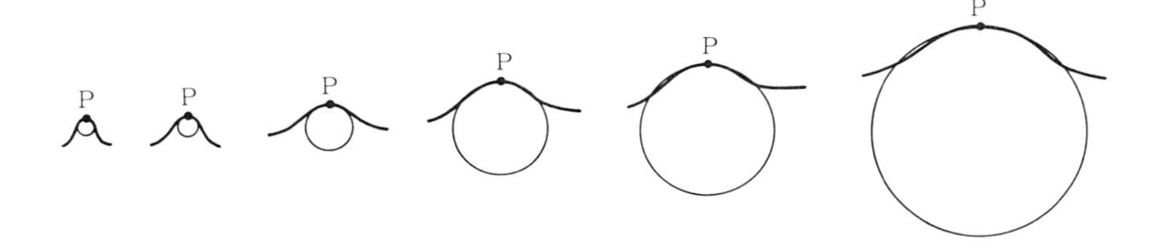

明らかに左から右へ進むにつれて，点 P における曲線の曲がり方の度合は減少してきている．(この図を左から右へ見ていくと，大空を飛ぶ鳥が羽をしだいに広げていくように見えるかもしれない.） 曲率を，字で示されているとおり，曲線の曲がる率を測ると考えれば，左の方が曲率が大きく，右へ行くほど曲率は小さくなっていると考えるのが妥当だろう．一方，曲線の曲がり方を測るために用いられている円の半径は，左から右へ進むにつれて逆に大きくなっている．したがって，曲線の点 P における曲率としては，点 P で“できるだけよく”曲線に接する円の半径を r としたとき，半径の逆数 $\frac{1}{r}$ を曲率とすることが適当と考えられてくる．もしもこれを定義とすると，上の図で一番左は半径が 0.1 cm の円，1 番右

は半径が 1.15 cm の円が接しているから，（単位を無視して）左の曲線の点 P における曲率を 1 とすれば，右の曲線の点 P における曲率は $\dfrac{10}{115} \fallingdotseq 0.087$ となる．

このことを前おきとして，曲率の定義を述べていくことにしよう．まず座標平面上にある曲線とは

$$x = x(t), \qquad y = y(t) \tag{8}$$

とパラメータ t によって表わされる点の軌跡のことである．ここでも，$x(t), y(t)$ は t について C^∞-級の関数だけを取り扱うことにする．もっともパラメータ t が動いても $x(t), y(t)$ が少しも変化しないようでは（時間がたっても駐車場で車が止まっているような状況を考えるとよい），t の変化から曲線が変化していく様子が読みとれないので，曲線(8)に対して

$$|x'(t)|^2 + |y'(t)|^2 \neq 0$$

という条件をつけておく．この条件があると，各 t で $x'(t), y'(t)$ のいずれか少なくとも 1 つは 0 でないから，t が変化すると，$x(t), y(t)$ のどちらかは必ず変化し，したがって，$(x(t), y(t))$ は曲線上の動点を表わすことになる．この条件をみたす曲線を**正則な曲線**という．

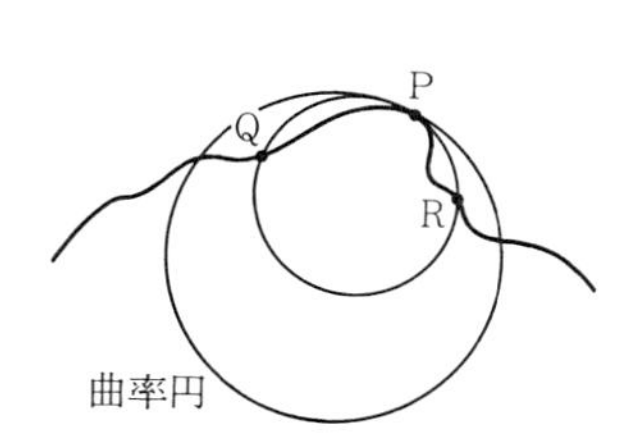

正則な曲線 C 上の 1 点 P を考えることにしよう．P の近くにある C 上の点 Q, R をとると，一般的な状況の下では 3 点 P, Q, R を通る円が決まる（R, Q, R が一直線上にあるときには，もちろん円は書けないが，このときはここでは例外的な場合であると考える）．Q, R を P に近づけると，この円の中心と半径は，一般にはしだいに 1 つの決まった円の中心と半径へと近づいてくる（このことの厳密な証明はここでは省略する）．このようにして Q, R→P のとき，P に接する円が決まってくる．この円の中心は P を通る C の法線上にあることが確かめられる．この円が前に“できるだけよく”接する円と書いた円となっている．そこでこの円を P における C の**曲率円**といい，曲率円の半径を**曲率半径**という．

この曲率半径は，曲線 C の変曲点以外のところでは定義されて，その値は

$$\frac{(x'(t)^2+y'(t)^2)^{\frac{3}{2}}}{|x'(t)y''(t)-x''(t)y'(t)|} \tag{9}$$

となる．(変曲点のところでは分母は0となる．このとき曲率半径は∞ということもある)．

♣ “できるだけよく”接すると書いたことを数学的にいえば次のようになる．曲率円の式を

$$(x-a)^2+(y-b)^2-r^2 = 0$$

とする．このとき

$$\varphi(t) = (x(t)-a)^2+(y(t)-b)^2-r^2$$

$\varphi(t)=\overline{\mathrm{OQ}}^2-\overline{\mathrm{OA}}^2$

とおくと，$\varphi(t)$ は曲線 C 上の点 $(x(t), y(t))$ が円周からどれだけ隔たっているかを示す関数になっている．$\mathrm{P}=(x(t_0), y(t_0))$ とすると，実は

$$\varphi(t_0) = \varphi'(t_0) = \varphi''(t_0) = 0$$

が成り立つのである．$\varphi(t_0)=0$ は点Pが曲率円にあること，$\varphi'(t_0)$ は点Pで曲率円が C に接すること，$\varphi''(t_0)=0$ は点Pで曲率円と C の接線の変化する割合(加速度！)が同じであることを示している．この事実を曲率円は点Pで C と2次の接触をするという．

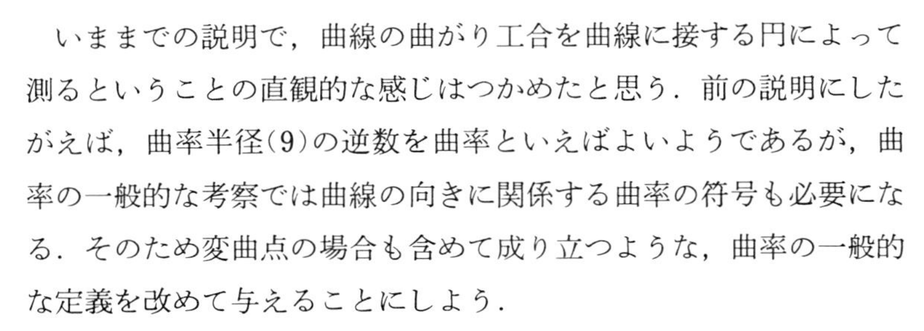

いままでの説明で，曲線の曲がり工合を曲線に接する円によって測るということの直観的な感じはつかめたと思う．前の説明にしたがえば，曲率半径(9)の逆数を曲率といえばよいようであるが，曲率の一般的な考察では曲線の向きに関係する曲率の符号も必要になる．そのため変曲点の場合も含めて成り立つような，曲率の一般的な定義を改めて与えることにしよう．

こんどの曲率の定義で出発点となるのは，半径 r の円で，円弧の長さ s と中心角 θ の間に成り立つ基本的な関係

$$s = r\theta$$

である．この式から円の“曲率” $\dfrac{1}{r}$ は

$$\frac{1}{r} = \frac{\theta}{s} \tag{10}$$

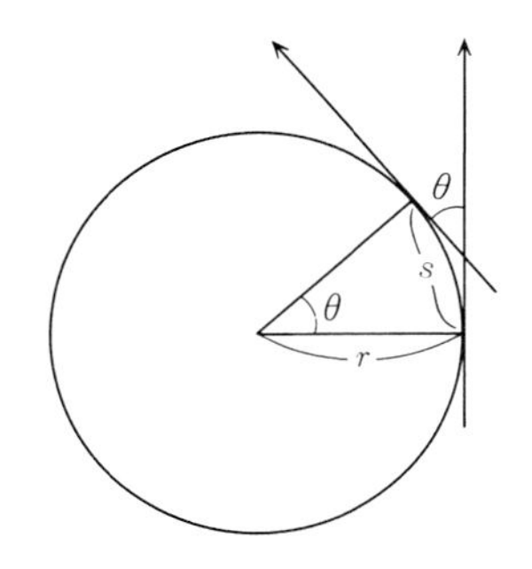

と表わされる．中心角 θ は円弧の両端における接線のつくる角に等しくなっていることに注意しよう．

したがって(10)は，曲率に対して標準的なモデルであると考えて

いる円に対しては，曲率は接線の角の変化と弧長の比として与えられていることを示している．(10)はもちろん

$$\frac{1}{r} = \lim_{s \to 0} \frac{\theta}{s} \tag{11}$$

と書いてもよい．

このように書くと，円周上の1点における接線の変わり方を弧長の比として極限で捉えたものが，円の曲率ということになっている．このようにして円の曲率 $\dfrac{1}{r}$ の表わし方が決まった上で，前に述べた曲線 C の点Pにおける曲率円に対しても，その曲率を(11)にしたがって表わしておくことにしよう．ところが曲率円と曲線 C は点Pで2次の接触をしているから，(11)の右辺は，θ と s をPの近くでの微小変化におきかえれば，曲率円の方で求めても，曲線 C の方で求めても同じ値となるだろう．それが次の定義の意味である．

定義　曲線 C の点Pに対し，C 上のPの近くにある点Qまでの弧長を Δs，PとQにおける C の接線のつくる角を $\Delta\theta$ とするとき，θ を s の関数とみて点Pにおける**曲率** κ を

$$\kappa = \lim_{\Delta s \to 0} \frac{\Delta\theta}{\Delta s} = \frac{d\theta}{ds}$$

と定義する．

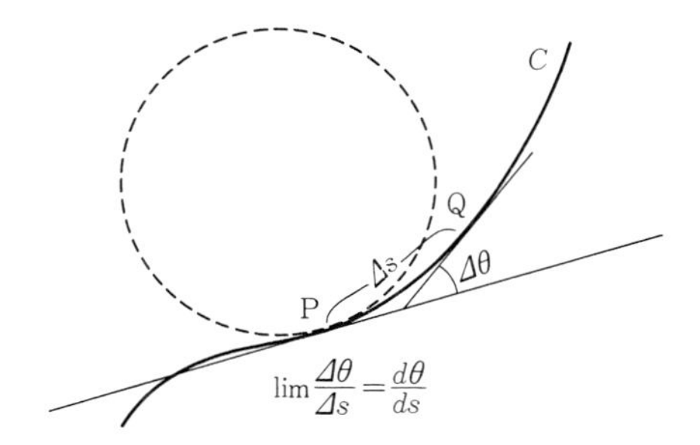

この定義では曲率は $\kappa=0$ の場合も含めて，すべての曲線に対して定義されている．また円のときには $\dfrac{d\theta}{ds}$ は定数であったが，一般の曲線に対して曲率をこのように定義すると曲率は正負いずれの

値もとることになる．実際弧長 s が増加するとき接線のつくる角 θ が増加するか，減少するかという曲線の各点のまわりでの微妙な変化の状況が $\kappa>0, \kappa<0$ という曲率の符号として反映してくることになる．もちろん $\dfrac{1}{|\kappa|}$ が曲率円の半径となっている．

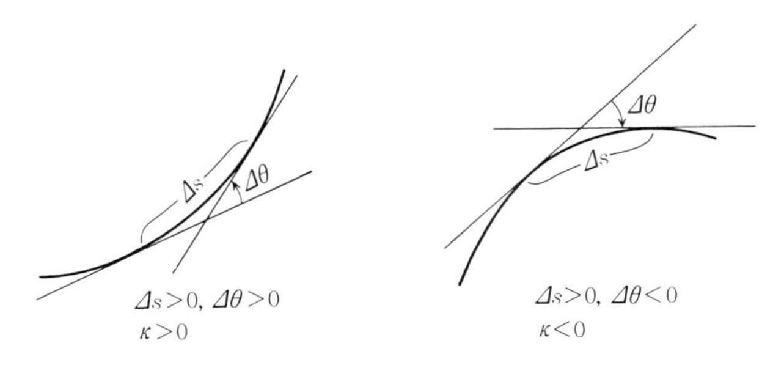

なお，κ は(9)の式の分母の絶対値をはずした逆数として

$$\kappa = \frac{x'(t)y''(t)-x''(t)y'(t)}{(x'(t)^2+y'(t)^2)^{\frac{3}{2}}}$$

と表わされる．

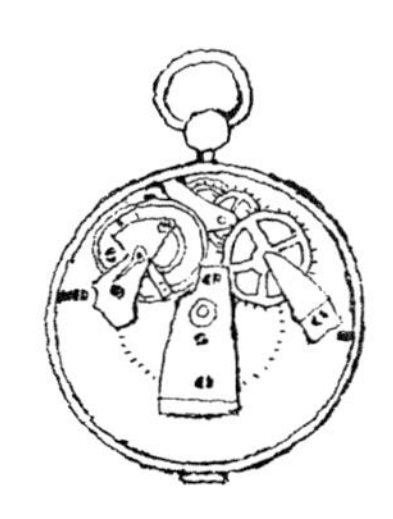

歴史の潮騒

18 世紀は，微分的な方法が無限小解析として広く展開した世紀であり，そこでは単に 1 変数の関数の微分だけではなく，多変数の関数も積極的に取り扱ったのである．実際，物理学から生じてくる微分方程式は一般には偏微分方程式の形をとっていた．たとえばダランベールが 1749 年に発表した弦の振動の方程式は，未知関数 $y(x, t)$ に関する偏微分方程式

$$\frac{\partial^2 y}{\partial t^2} = a^2\frac{\partial^2 y}{\partial x^2}$$

の形をとっていた．また偏微分そのものについても，ダニエル・ベルヌーイは $\dfrac{\partial^2 z}{\partial x \partial y}$ と $\dfrac{\partial^2 z}{\partial y \partial x}$ がいつ等しくなるかを研究していた．

しかし多変数関数の取扱いは，あくまで解析演算の中で取り扱われており，$z=f(x, y)$，または $\varphi(x, y, z)=0$ という関数関係を，$\boldsymbol{R}^3$ の曲面として見る見方は 18 世紀にはほとんどなかったようである．

それは1変数の関数 $y=f(x)$ に対しても，グラフを通して関数を見るという積分的視点がなお十分育っていなかったことにもよっているのかもしれない．

いまとなってはむしろ時代の流れが一様でないことに不思議な感じさえ抱くのだが，$u(x,y,z)=0$ の点 (x,y,z) における接平面の方程式が，ξ,η,ζ を変数として

$$(\xi-x)\frac{\partial u}{\partial x}+(\eta-y)\frac{\partial u}{\partial y}+(\zeta-z)\frac{\partial u}{\partial z}=0$$

ということを最初に述べてあるのは，コーシーの『幾何学への無限小演算の応用』という著書の中であり，それは1826年に刊行されたものである．それまで書かれたものの中には，曲面の1点における接線が，すべて1つの平面上に乗っているということさえ，はっきりと示そうとしたものは見当らないそうである．

現在微分幾何学という研究分野は確立しているが，それがいつ頃確立したものかははっきりしない．1908年にイギリス王立協会から出版された19世紀の科学論文のカタログの中には“無限小幾何”と“微分幾何”は区別されている．そこでは前者は微分法の幾何への応用であり，後者は微分方程式の幾何への応用であるとしたようであるが，しかしこれによる論文の類別はあまりはっきりしたものではない．19世紀は“曲面論”という名前が主流であったようであるが，1894年に出版されたビアンキの著書の名前は『微分幾何学講義』となっている．

微分幾何学を“無限小解析”の幾何への応用と考えると，その起源をどこまでたどってよいのか判然としなくなるのである．17世紀，18世紀の数学者にとっては，接線とは曲線上の1点と十分近くにある次の点を結ぶ直線であると考えられており，それで正確な幾何学的議論が行なえると信じられていた．もっともこのような視点がなかったならば，微分法を幾何学的直観におきかえて，幾何学に応用するなどという道は拓けなかったろう．

微分幾何学的な考えを微分法が発見される以前に曲線に対して最

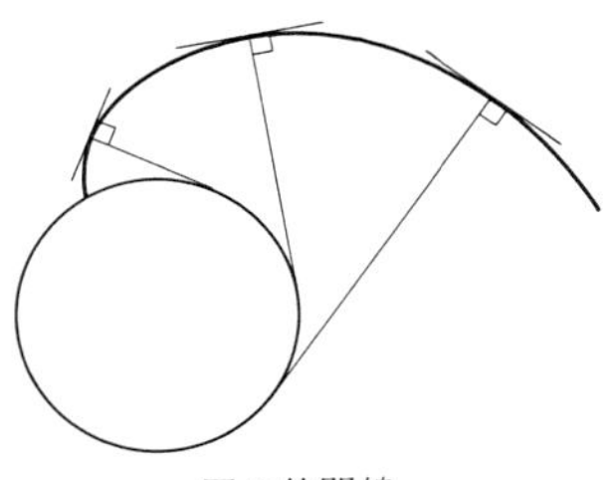

円の伸開線

初に適用したのはホイヘンスであった．ホイヘンスは伸開線——与えられた曲線 E に巻きついている糸を，たわむことのないように引っぱってほどいていくとき糸の端点のつくる軌跡——を調べ，無限小の位数を比べることによって，伸開線は E の接線の直交截線となっていることを示した．曲線 E の伸開線を C とするとき，逆に E は C の縮閉線というが，ホイヘンスはまたどの曲線に対しても縮閉線が存在することを示した．この証明の際，ホイヘンスは曲線上の1点Pとその近くの点Qをとり，PとQにおける曲線の法線の交点が，QをPに近づけるとき決まった1つの点に近づくことを示した．この点はPにおける曲率円の中心にほかならない．

ニュートンも1671年以前に，すでに2階の微係数に関する概念を用いて曲線の曲率を求めていたと思われるが，その結果が実際公けにされたのはニュートンの没後1736年に刊行された『解析幾何』においてであった．しかしこの時代には，曲線の曲率は無限小解析の方法を適用する格好の素材として，ライプニッツやジョン・ベルヌーイなどによっても研究されていた．

しかし，これから“お茶の時間”の中で触れる空間曲線に関し曲率やねじれ率を調べるようになるのは，モンジュが1775年に空間曲線に関する論文を発表してからである．平面曲線から空間曲線への移行に実に100年の歳月を要したことになっている．この事情についてはいろいろな見方があるのだろうが，私はデカルトの解析幾何は平面幾何への適用へと視点を限っていたため，ユークリッド幾何の世界を破って，空間という自由な世界にある曲線へと眼を向けるためには，微分の方法が十分円熟し，方法が新しい対象を求めるというようになるまで，時を待つ必要があったのではないかと思っている．確かに空間曲線は古典幾何の枠外にあった．

♣ 微分幾何の歴史を詳しく述べた本は比較的少ないようである．私は J. L. Coolidge『A History of Geometrical Methods』(Oxford, 1940)を参照しているが，この本は絶版となってしまって現在は入手することが困難のようである．

先生との対話

道子さんがまず最初に質問した．

「以前読んだ本に，平面曲線 C の性質を調べるには，その曲線の長さ s をパラメータとして，C を $x=x(s)$，$y=y(s)$ と表わすと，いろいろの性質が導きやすくなる，と書いてありました．これはどういうことなのでしょうか．」

「曲線を，曲線の長さをパラメータとして表わす典型的な例を皆さんはよく知っているはずですが，その例をすぐに思い出せますか．」

と先生が逆に皆に質問された．誰もすぐには手を上げなかったが

「典型的な例というと円のことかしら．」

などという話し声が聞えてきた．先生はその話声を聞いてすぐに話し出された．

「そうです．半径1の円を

$$x=\cos\theta,\qquad y=\sin\theta$$

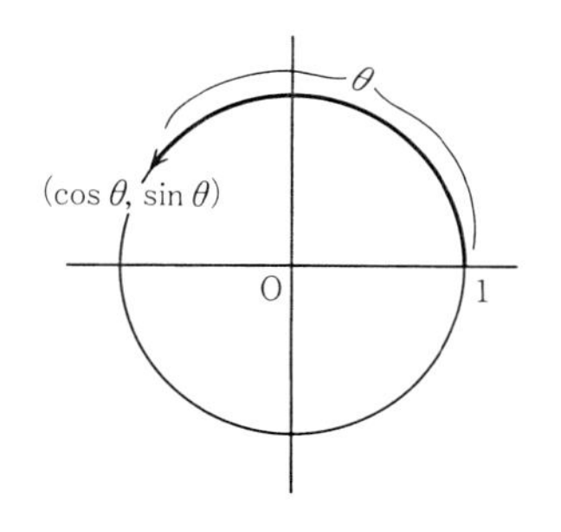

と表わすことが，その例となっています．θ は点 $(1,0)$ から測った弧長でしたね．このとき“時間” θ で測った速度ベクトル——接ベクトル——は

$$\left(\frac{dx}{d\theta},\frac{dy}{d\theta}\right)=(-\sin\theta,\cos\theta)$$

となりますが，この速度ベクトルの長さ $\sqrt{(-\sin\theta)^2+\cos^2\theta}$ が1であるということは，進んだ距離(弧長) θ を，そこまで達するために要した“時間” θ で割っているのですから，当然といえば当然のことになります．

一般に正則な曲線 C が，パラメータ t によって

$$x=\varphi(t),\qquad y=\phi(t)$$

で与えられているとき，曲線上の点 $\mathrm{P}_0=(\varphi(t_0),\phi(t_0))$ から点 $\mathrm{P}=(\varphi(t),\phi(t))$ までの曲線の長さ s はパラメータ t を用いて

$$s=\int_{t_0}^{t}\sqrt{\varphi'(t)^2+\phi'(t)^2}\,dt$$

で与えられます．この定義から P_0 から正の方向にパラメータ t が動くとき s は正となり，逆方向のときは負となります．曲線上の点は P_0 から測った長さで，完全に決まりますから

$$x = x(s), \qquad y = y(s)$$

と表わすことができます．これが道子さんの質問の中にあった曲線を長さ s で表わすということです．」

山田君が

「そうすると，曲線の微小な長さ Δs を，そこを経過する“時間”Δs で割って $\Delta s \to 0$ とすると接ベクトルですから，円の場合と同様にベクトル

$$(x'(s), y'(s))$$

の長さは1となるのですね．」

と聞いた．

「そうです．もう少し正確にいうと，ベクトル記号を使って

$$\boldsymbol{x}(s) = (x(s), y(s))$$

と書くと，$\boldsymbol{x}(s)$ における接ベクトルは

$$\boldsymbol{x}'(s) = \lim_{\Delta s \to 0} \frac{\boldsymbol{x}(s+\Delta s) - \boldsymbol{x}(s)}{\Delta s}$$

と定義されるのですが，この分子のベクトルの長さは，近似的には $\boldsymbol{x}(s)$ から $\boldsymbol{x}(s+\Delta s)$ までの曲線の長さ Δs になっています．ですから山田君のいったように

$$\|\boldsymbol{x}'(s)\| = 1 \qquad (12)$$

となるのです．

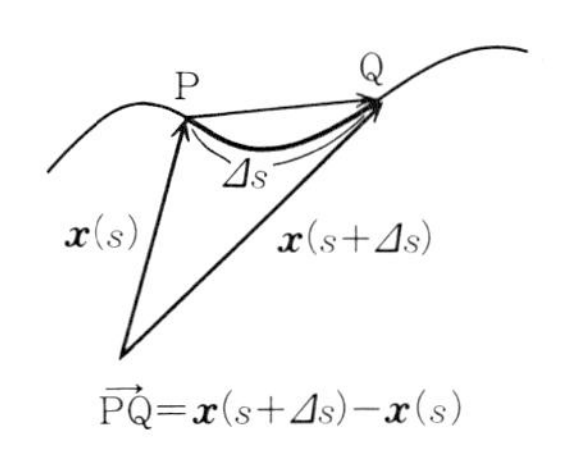

$\overrightarrow{PQ} = \boldsymbol{x}(s+\Delta s) - \boldsymbol{x}(s)$

ところで(12)は内積を使って

$$(\boldsymbol{x}'(s), \boldsymbol{x}'(s)) = 1$$

と書いてもよいわけですが，誰かこの式の両辺を s で微分してみませんか．」

皆はノートを出して計算をはじめた．先生が見てまわると次のように計算していた．

$$(\boldsymbol{x}'(s), \boldsymbol{x}'(s)) = 1$$

ここで $\boldsymbol{x}(s)=(x(s),y(s))$ だから左辺を内積の定義にしたがって書き直してから両辺を微分すると

$(x'(s)x'(s)+y'(s)y'(s))'=1'=0$

$x'(s)x''(s)+x''(s)x'(s)+y'(s)y''(s)+y''(s)y'(s)=0$

$2(x'(s)x''(s)+y'(s)y''(s))=0$

明子さんが驚いたようにいった．

「先生，これは

$$(\boldsymbol{x}'(s),\boldsymbol{x}''(s))=0$$

と書けます．あっ，内積が0だから $\boldsymbol{x}''(s)$ は接ベクトル $\boldsymbol{x}'(s)$ と直交してるんだわ．」

「そうなのです．道子さんが最初にいったように，パラメータとして s をとると，このような簡明な結果が出てくるのです．」

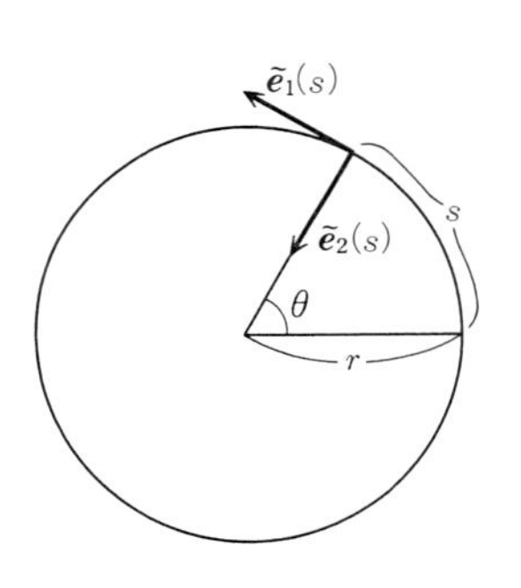

そこで先生はちょっと一息入れられてから，黒板に向かって円を書かれ，そこにベクトル $\tilde{\boldsymbol{e}}_1(s),\tilde{\boldsymbol{e}}_2(s)$ を図のように書きこまれた．

「半径 r の円でいまのことを確かめておきましょう．説明のために，$\boldsymbol{x}(s)$ 上で長さ1の接ベクトル $\tilde{\boldsymbol{e}}_1(s)$，それから $\tilde{\boldsymbol{e}}_1(s)$ から見て左の方に法線方向の長さ1のベクトル $\tilde{\boldsymbol{e}}_2(s)$ をとっておきます．弧長 s は $s=r\theta$ と表わされますから，

$$\boldsymbol{x}(s)=\left(r\cos\frac{s}{r},\ r\sin\frac{s}{r}\right)$$

が弧長 s で表わした半径 r の円のベクトル表示となります．上に述べたことから $\boldsymbol{x}'(s)=\tilde{\boldsymbol{e}}_1(s)$ です．実際

$$\tilde{\boldsymbol{e}}_1(s)=\left(-\sin\frac{s}{r},\ \cos\frac{s}{r}\right)\qquad\left(\frac{s}{r}=\theta\text{ に注意}\right)\qquad(13)$$

ですから，このことはすぐに確かめられます．

$\tilde{\boldsymbol{e}}_2(s)$ は図からも明らかに

$$\tilde{\boldsymbol{e}}_2(s)=\left(-\cos\frac{s}{r},\ -\sin\frac{s}{r}\right)\qquad(14)$$

です．$\boldsymbol{x}''(s)$ は $\tilde{\boldsymbol{e}}_1(s)$ に直交しているのですから，$\tilde{\boldsymbol{e}}_2(s)$ の何倍かになっていなくてはなりません．実際 $\boldsymbol{x}'(s)$ を微分して $\boldsymbol{x}''(s)$ を求

めてみると

$$\boldsymbol{x}''(s) = \left(-\frac{1}{r}\cos\frac{s}{r},\ \ -\frac{1}{r}\sin\frac{s}{r}\right)$$
$$= \frac{1}{r}\tilde{\boldsymbol{e}}_2(s)$$

となって，$\boldsymbol{x}''(s)$ は $\tilde{\boldsymbol{e}}_2(s)$ の $\frac{1}{r}$ 倍，すなわち曲率倍となっていることがわかります．$\boldsymbol{x}'(s)=\tilde{\boldsymbol{e}}_1(s)$ でしたからこの式を

$$\tilde{\boldsymbol{e}}_1'(s) = \frac{1}{r}\tilde{\boldsymbol{e}}_2(s) \qquad (15)$$

と書き直すことができます．

一般の曲線の場合にもどってみることにしましょう．曲線 C 上の $\boldsymbol{x}(s)$ を始点として，接線方向に長さ1のベクトル $\boldsymbol{e}_1(s)$，$\boldsymbol{e}_1(s)$ から見て左側に長さ1の法線ベクトル $\boldsymbol{e}_2(s)$ を引きます．$\boldsymbol{x}(s)$ のところで，C の曲率円を書いてみると，曲率円は C と $\boldsymbol{x}(s)$ で2次の接触をしていますから，2階の導関数までで表わされる関係(15)は，そのまま曲率円でも成り立ちます．曲率円の半径を r とすると，$\frac{1}{r}=\kappa$ は C の $\boldsymbol{x}(s)$における曲率です．(15)を曲線 C 上で読み直すと

$$\boldsymbol{e}_1'(s) = \kappa\boldsymbol{e}_2(s) \qquad (16)$$

となります．これがさっき内積を微分してわかった事実，$\boldsymbol{e}_1'(s)$ は $\boldsymbol{e}_1(s)$ に直交するということの詳しい内容になっています．曲率の符号は $\boldsymbol{e}_1'$ が $\boldsymbol{e}_1$ の左手にあるか，右手にあるかによって決まるのです．このように表わすと，曲率とは接線の変化の割合を測っているのだ，ということがはっきりしますね.」

かず子さんがノートに何か計算していたが，その式をじっと眺めてから質問した．

「私は，円のとき $\tilde{\boldsymbol{e}}_2(s)$ をもう一度微分してみました．そうすると(14)から

$$\tilde{\boldsymbol{e}}_2'(s) = \left(\frac{1}{r}\sin\frac{s}{r},\ \ -\frac{1}{r}\cos\frac{s}{r}\right)$$

となって，(13)と見比べると

$$\tilde{\boldsymbol{e}}_2{}'(s) = -\frac{1}{r}\tilde{\boldsymbol{e}}_1(s) \qquad (17)$$

という関係式が成り立ちます．ここにまた円の曲率 $\dfrac{1}{r}$ が現われました．私がお聞きしたいのは，この関係は円の場合だけではなくて，一般の場合にも成り立つのでしょうかということです．」

先生はかず子さんのいった式(17)を黒板に書かれて，じっと眺めておられた．

「そうですね．(17)の式は，いわば加速度ベクトルを微分すると，また速度ベクトルの方へともどるというような妙な関係にみえます．しかしここでは，そのような速度，加速度という見方ではなくて，曲線上における接ベクトルと法線ベクトルの変化の双対的な関係とみるべきでしょう．パラメータとして s をとったため，内容ははるかに幾何学的なものになっているのですね．

かず子さんの質問に答えますと，(17)に対応する関係式は一般の曲線に対しても成り立ちます．それは次のようにして示すことができます．

まず $(\boldsymbol{e}_2(s), \boldsymbol{e}_2(s))=1$ を微分して $(\boldsymbol{e}_2{}'(s), \boldsymbol{e}_2(s))=0$ となりますから，$\boldsymbol{e}_2{}'(s)$ は $\boldsymbol{e}_2(s)$ と直交する方向，すなわち，$\boldsymbol{e}_1(s)$ の方向にあることがわかります．そこで

$$\boldsymbol{e}_2{}'(s) = \alpha\boldsymbol{e}_1(s) \qquad (18)$$

とおきます．次に $(\boldsymbol{e}_1(s), \boldsymbol{e}_2(s))=0$ を微分して

$$(\boldsymbol{e}_1{}'(s), \boldsymbol{e}_2(s))+(\boldsymbol{e}_1(s), \boldsymbol{e}_2{}'(s)) = 0$$

が成り立ちますが，ここに(16)と(18)を代入すると

$$\kappa(\boldsymbol{e}_2(s), \boldsymbol{e}_2(s))+\alpha(\boldsymbol{e}_1(s), \boldsymbol{e}_1(s)) = 0$$

すなわち

$$\kappa+\alpha = 0$$

となって，$\alpha=-\kappa$ のことがわかります．すなわち

$$\boldsymbol{e}_2{}'(s) = -\kappa\boldsymbol{e}_1(s)$$

となり，これが円の場合に成り立った関係式(17)の一般化となります．

このようにして曲線のパラメータとして，曲線の長さ s をとった

とき，接線方向の単位ベクトル $\boldsymbol{e}_1$ と，法線方向の単位ベクトル $\boldsymbol{e}_2$ の変化は互いに関係し合って，その関係は曲率 κ によって

$$\begin{aligned}\boldsymbol{e}_1{}' &= \kappa\boldsymbol{e}_2\\ \boldsymbol{e}_2{}' &= -\kappa\boldsymbol{e}_1\end{aligned}$$

と表わされることがわかったのです．

あるいは，2つのベクトル $\begin{pmatrix}\boldsymbol{e}_1\\ \boldsymbol{e}_2\end{pmatrix}$ の微分は，行列

$$\begin{pmatrix}0 & \kappa\\ -\kappa & 0\end{pmatrix}$$

で表わされるといった方が覚えやすいかもしれませんね．」

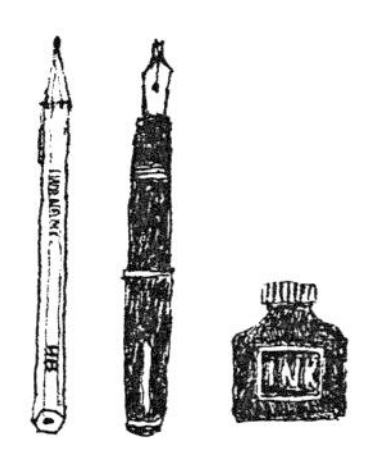

問　題

［1］ 次の関数

$$f(x,y) = \begin{cases}\dfrac{xy}{x^2+y^2} & (x,y)\neq(0,0)\\[2mm] 0 & (x,y)=(0,0)\end{cases}$$

は偏微分可能であることを示しなさい．

［2］ 次の関数

$$f(x,y) = \begin{cases}xy\sin\dfrac{1}{x} & x\neq 0\\[2mm] 0 & x=0\end{cases}$$

が偏微分可能でない点を求めなさい．

［3］ $f(x,y)$ を C^∞-級の関数とする．2点 (a,b)，$(a+h,b+k)$ に対して $F(t)=f(a+th,b+tk)$ とおく．

（1） $F(t)$ にテイラーの定理を適用して

$$F(1) = F(0)+F'(0)+\frac{1}{2}F''(\theta), \quad 0<\theta<1$$

となることを示しなさい．

（2） $F'(0)=hf_x(a,b)+kf_y(a,b)$ となることを示しなさい．

(3) $F''(t)=h^2 f_{xx}(a+th, b+tk)+2hkf_{xy}(a+th, b+tk)+k^2 f_{yy}(a+th, b+tk)$ が成り立つことを示しなさい．

(4) (2), (3)の結果を(1)に代入して，2階の偏導関数までを用いた，2変数の場合のテイラーの定理を述べなさい．

お茶の時間

質問　“先生との対話”では平面上の曲線だけしか考えませんでしたが，空間 $\boldsymbol{R}^3$ の中にある正則曲線 C に対しても，曲線の長さ s をパラメータにとって

$$x=x(s), \quad y=y(s), \quad z=z(s)$$

と曲線を表わしておくと，平面曲線の場合と平行に議論を進めることができるのではないでしょうか．すなわち

$$\boldsymbol{e}_1(s)=(x'(s), y'(s), z'(s))$$

とおくと，$\|\boldsymbol{e}_1(s)\|=1$ となって，$\boldsymbol{e}_1(s)$ は接線方向の単位ベクトルになると思います．次に $(\boldsymbol{e}_1(s), \boldsymbol{e}_1(s))=1$ を微分すると $(\boldsymbol{e}_1{}'(s), \boldsymbol{e}_1(s))=0$ となって，$\boldsymbol{e}_1{}'(s)$ は $\boldsymbol{e}_1(s)$ と直交する方向にあります．このようにして平面曲線の場合と似たようなことが空間曲線に対しても成り立つのではないでしょうか．

答　君のいうように，空間曲線のときも平面曲線と同じような考えを適用することはできるのだが，空間曲線のときは，接ベクトル $\boldsymbol{e}_1(s)$ に直交するベクトルの方向はたくさんあって，平面のときのように法線方向のベクトルを一意的に決めることはできなくなってくる．このため空間曲線のときには曲率 κ には符号をつけず，曲率 κ はいつも正または 0 として，

$$\kappa=\|\boldsymbol{e}_1{}'(s)\|$$

と定義する．ここでは $\kappa \neq 0$ のときを考えることにしよう．このとき，長さ 1 のベクトル $\boldsymbol{e}_2(s)$ を

$$\boldsymbol{e}_1{}'(s)=\kappa \boldsymbol{e}_2(s)$$

によって決める．$\boldsymbol{e}_2(s)$ は接ベクトル $\boldsymbol{e}_1(s)$ に直交する方向にある単位ベクトルである．$\boldsymbol{e}_2(s)$ の方向を，主法線方向という．

次に $\boldsymbol{e}_1(s), \boldsymbol{e}_2(s)$ に直交する単位ベクトル $\boldsymbol{e}_3(s)$ をとる．$\boldsymbol{e}_3(s)$ の向きは，$\boldsymbol{e}_1, \boldsymbol{e}_2, \boldsymbol{e}_3$ がふつうの座標軸の x 軸，y 軸，z 軸（右手系！）と同じ位置関係にとることにする．$\boldsymbol{e}_3$ を**従法線**の方向という．このとき平面曲線のときにくらべるとはるかに多い6個の関係式

$$(\boldsymbol{e}_i(s), \boldsymbol{e}_j(s)) = \begin{cases} 1 & i=j \\ 0 & i \neq j \end{cases}$$

が得られる．これらを微分して，その関係を調べると

$$\begin{cases} \boldsymbol{e}_1{}' = & \kappa \boldsymbol{e}_2 & \\ \boldsymbol{e}_2{}' = -\kappa \boldsymbol{e}_1 & & +\tau \boldsymbol{e}_3 \\ \boldsymbol{e}_3{}' = & -\tau \boldsymbol{e}_2 & \end{cases} \qquad (*)$$

という関係式が成り立つことがわかる．ここで κ は曲率であるが，τ は**ねじれ率**とよばれているものであって，曲線が $\boldsymbol{e}_1(s), \boldsymbol{e}_2(s)$ ではられる平面からどのように，“ねじれて”はみ出していくか，その変化を測る量となっている．

(*)を空間曲線の**フルネ-セレーの公式**という．

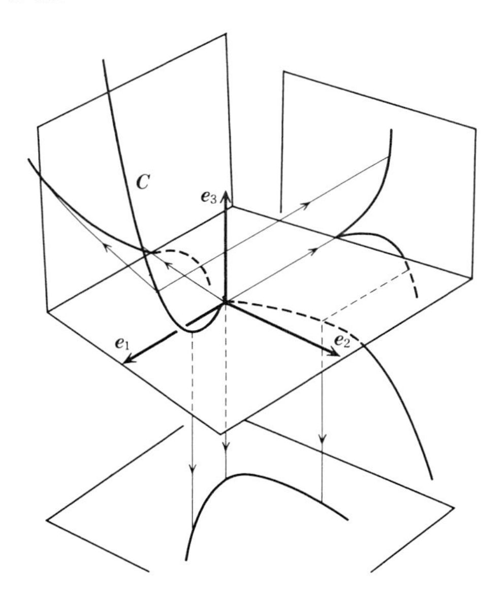

水曜日

第１基本形式と第２基本形式

先生の話

曲面は，微分的な立場に立ってごく局所的なところだけを観察しても，そこでもやはり非常に多様で複雑な姿を示しています．空間の中で曲面はすべての方向に向けて波打ち，揺れ動くことができます．そのたびに曲面は姿を変えます．たとえば1つの平面をとって，この平面を接平面とするような少し複雑な曲面を考えてごらんなさいといえば，ひとりひとりの人は，それぞれまったく違う曲面をイメージしていることでしょう．

微分の方法を使って微分的な視点から曲面の局所的な性質を調べることは，微分幾何学とよばれる研究分野の母胎となったものですが，この研究方法が確立するには克服しなければならない1つの問題がありました．それは18世紀まであまり意識もされないまま，“微小な変化量”と“微分”という概念はほとんど同じものと考えられてきたという点にありました．しかし一方は幾何学的な量と考えられるものですし，他方は本来解析的な方法を指しています．この2つを切り離してしまって，純粋に解析的立場に立って微分を用いて考察を進めるとき，それは曲面に対する幾何学的直観と本当に融和するものかどうかということです．

それを克服するために，曲面に対して第1基本形式とか第2基本形式という概念が導入されましたが，その厳密な意味づけは，20世紀になってはじめて達成されたといってもよいのです．曲面のもつ複雑さは，曲面論の中に現われるいろいろな微分的量の複雑さの中に投影されています．ここではしかし曲面論そのものを述べることが目的ではありませんので，あまり複雑な数式には立ち入らないことにします．

そのため，今日はなるべく直観的な立場に立ちながら，曲面論が明らかにした曲面の性質を述べていくことにします．曲面は眼に見える実体として認識することができますから，数学的に解明された性質の多くは，具体的な例でそれが一体どのような内容のものであるかを説明することができます．そしてそれが場合によっては，証明の考え方まで示してくれます．具体的な図形をできるだけ分析的に思い描いてみることによって，直観がすでに十分論理を運んでいくのです．どんなときでも直観がまず働かなければ，論証への道を見出すことはできないでしょう．

実際，微分という本来極限のところで性質を捉えるような方法が，曲面を通してこのような直観的な幾何学的場で働くということが注目すべき点であり，そこに曲面論の占める特殊性があります．微分幾何学といいますが，本来微分と幾何学は立っている場所が違うのですね．いずれにしてもそれが幾何学と名づけられた以上，根底には私たちの図形に対する直観によって支えられているものがあるはずです．

そのことで思い出しましたが，このような立場を明確にしたものとして，ヒルベルトとフォン・コッセンによって書かれた有名な『直観幾何学』という1932年に出版された著書があります(これはみすず書房から翻訳も出ています)．この本のまえがきの最初の部分をここに記しておきましょう．

“すべての科学的探求におけるのと同様に，数学の研究においてもまた2つの反対の傾向が見られる．その1つは《抽象化》の傾向で，これは幾重にも重なり合った数学的事実から**論理的な立場**を作り出し，これらの事実をまとまりを持った一つの統一体に仕上げようとするものである．これに対してもう1つは《具体化》の傾向で，これは対象をむしろそのままの生きた姿でとらえ，その**内面的な関係**をさぐろうとするものである．

特に幾何学についていえば，抽象化の傾向は，代数幾何学，リーマン幾何学あるいはまた位相幾何学のように，組織立ったいろいろの科学を生み出してきた．そしてそこにおいては，よく練られた深い概念や莫大な量の記号や計算を使うようになってしまった．それにもかかわらず現在では，幾何学を直観的にとらえるやり方が非常に重要な役割を演ずるようになってきている．しかもこのやり方は，研究のための優れた力としてだけではなく，研究領域全体の姿をしっかりととらえ，それに適切な評価を下すためにも必要なのである.”(芹沢正三氏の訳による)

正則な曲面

月曜日に述べたように，曲面Sは十分小さい範囲に限れば局所座標(u, v)を用いて

$$x = x(u, v), \quad y = y(u, v), \quad z = z(u, v) \tag{1}$$

と表わされる．ここでx, y, zはu, vについてC^∞-級の関数としている．私たちはこれから曲面Sの中でこのように局所座標で表わされる範囲に限って考察を進めていくことにする．そのため，いちいちこの範囲に言及するわずらわしさを避けるため，曲面S上の点はすべて(1)のように表わされていると考えることにし，S上の点Pは局所座標(u, v)を用いて$\mathrm{P}(u, v)$と書かれているとする．

局所座標の一方vを$v=v_0$としてとめておいて，パラメータとしてuが動くとき$\mathrm{P}(u, v_0)$はS上の曲線を描く．これをu曲線という．また$u=u_0$としてパラメータとしてvが動くとき$\mathrm{P}(u_0, v)$が描く曲線をv曲線という．

一般に空間曲線

$$x = x(t), \quad y = y(t), \quad z = z(t) \tag{2}$$

に対して，接ベクトルは

$$\boldsymbol{x}'(t) = \lim_{\Delta t \to 0} \frac{\boldsymbol{x}(t+\Delta t) - \boldsymbol{x}(t)}{\Delta t} = (x'(t),\ y'(t),\ z'(t)) \tag{3}$$

で与えられる．とくに曲線が曲面S上にあるときには曲線上の点Pは局所座標u, vによって$(u(t), v(t))$と表わされ，したがって(2)に対応する式は

$$x = x(u(t), v(t)), \quad y = y(u(t), v(t)), \quad z = z(u(t), v(t))$$

となる．このとき，たとえばxをtで微分すると

$$x'(t) = \frac{\partial x}{\partial u}\frac{du}{dt} + \frac{\partial x}{\partial v}\frac{dv}{dt}$$

となるから，$\dfrac{\partial x}{\partial u}=x_u$，$\dfrac{du}{dt}=u'$，$\dfrac{\partial x}{\partial v}=x_v$，$\dfrac{dv}{dt}=v'$ のように書くことにすると，(3)は

$$\begin{aligned}\boldsymbol{x}'(t) &= (x_u u'+x_v v',\ y_u u'+y_v v',\ z_u u'+z_v v')\\ &= (x_u,\ y_u,\ z_u)u'+(x_v,\ y_v,\ z_v)v'\\ &= \boldsymbol{x}_u u'+\boldsymbol{x}_v v' \qquad (4)\end{aligned}$$

となる．ここで $\boldsymbol{x}_u=(x_u, y_u, z_u)$，$\boldsymbol{x}_v=(x_v, y_v, z_v)$．

とくに u 曲線のときは，上のパラメータ t が u 自身であり，v は定数だから，(4)から u 曲線の接ベクトルは $\boldsymbol{x}_u$ であることがわかる．同様に v 曲線の接ベクトルは $\boldsymbol{x}_v$ である：

u 曲線の接ベクトルは $\boldsymbol{x}_u$

v 曲線の接ベクトルは $\boldsymbol{x}_v$

定義　$\boldsymbol{x}_u, \boldsymbol{x}_v$ が各点で1次独立なベクトルとなっているとき，曲面 S は**正則な曲面**であるという．

♣　この条件は次の3つの行列式のどれか1つは0でないといっても同じことである．

$$\begin{vmatrix} x_u & y_u \\ x_v & y_v \end{vmatrix},\quad \begin{vmatrix} x_u & z_u \\ x_v & z_v \end{vmatrix},\quad \begin{vmatrix} y_u & z_u \\ y_v & z_v \end{vmatrix}$$

これからは正則な曲面だけを考えることにする．したがって u 曲線，v 曲線は各点で独立な方向にネットをはっていることになる．

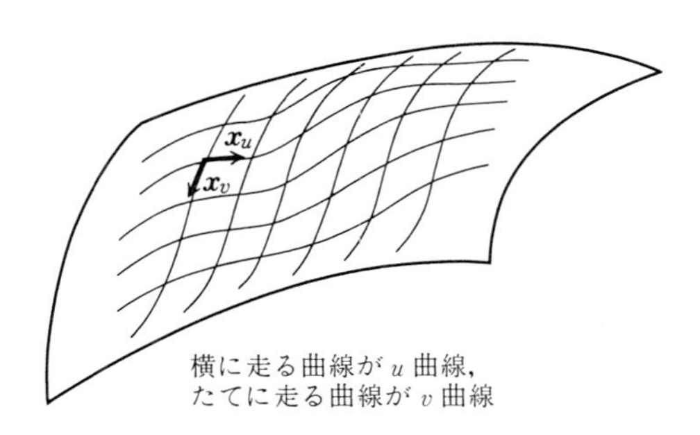

横に走る曲線が u 曲線，
たてに走る曲線が v 曲線

ここで改めて(4)を見てみると，(4)は曲面 S 上の点Pを通る曲線 $\boldsymbol{x}(t)$ の接ベクトルは，$\boldsymbol{x}_u, \boldsymbol{x}_v$ の1次結合として点Pで

$$a\boldsymbol{x}_u+b\boldsymbol{x}_v \qquad (a=u',\ b=v')$$

と表わされていることを示している．このように $\boldsymbol{x}_u, \boldsymbol{x}_v$ の 1 次結合として表わされるベクトルを P における S の**接ベクトル**という．このような接ベクトル全体が P における S の接平面をつくっているのである．

S 上の曲線 $\boldsymbol{x}(t)$ の接ベクトル $\boldsymbol{x}'(t)$ を(4)の形に表わしておいて，この長さ $\|\boldsymbol{x}'(t)\|$ を求めておこう(ここで計算するのは長さの 2 乗の方である)．

$$\begin{aligned}\|\boldsymbol{x}'(t)\|^2 &= (\boldsymbol{x}'(t), \boldsymbol{x}'(t)) = (\boldsymbol{x}_u u' + \boldsymbol{x}_v v', \boldsymbol{x}_u u' + \boldsymbol{x}_v v') \\ &= (\boldsymbol{x}_u, \boldsymbol{x}_u) u'u' + 2(\boldsymbol{x}_u, \boldsymbol{x}_v) u'v' + (\boldsymbol{x}_v, \boldsymbol{x}_v) v'v' \qquad (5)\end{aligned}$$

この u', v' についての 2 次形式に現われた係数は，曲面論においてもっとも基本的なものであって，それを E, F, G と表わすのが慣例となっている：

$$\begin{aligned} E &= (\boldsymbol{x}_u, \boldsymbol{x}_u) = \left(\frac{\partial x}{\partial u}\right)^2 + \left(\frac{\partial y}{\partial u}\right)^2 + \left(\frac{\partial z}{\partial u}\right)^2 \\ F &= (\boldsymbol{x}_u, \boldsymbol{x}_v) = \frac{\partial x}{\partial u}\frac{\partial x}{\partial v} + \frac{\partial y}{\partial u}\frac{\partial y}{\partial v} + \frac{\partial z}{\partial u}\frac{\partial z}{\partial v} \qquad (6) \\ G &= (\boldsymbol{x}_v, \boldsymbol{x}_v) = \left(\frac{\partial x}{\partial v}\right)^2 + \left(\frac{\partial y}{\partial v}\right)^2 + \left(\frac{\partial z}{\partial v}\right)^2 \end{aligned}$$

この E, F, G を曲面の**第 1 基本量**という．$E = \|\boldsymbol{x}_u\|^2$，$G = \|\boldsymbol{x}_v\|^2$ だから，E, G はそれぞれ u 曲線，v 曲線の接ベクトルの長さの 2 乗であり，F はこの 2 つの接ベクトルの内積となっている．

E, F, G を使うと，(5)は

$$\|\boldsymbol{x}'(t)\|^2 = Eu'^2 + 2Fu'v' + Gv'^2$$

と書ける．この右辺で $u' = \dfrac{du}{dt}$，$v' = \dfrac{dv}{dt}$ の表わし方から，形式的に微分記号の分母にあるパラメータ“dt”をはずして，“全微分” du, dv だけの表記にすると，それは象徴的とも思える次の定義となる．

定義 表現

$$Edu^2 + 2Fdudv + Gdv^2$$

を曲面の**第 1 基本形式**という．

象徴的といったのは，この表現の意味するものがこの段階ではなお多少不鮮明だということもあるが，もっと根幹には，これは曲面論においてもっとも基本的な表現であり，この表現を通して，“先生の話”にもあった幾何学的な無限小量と微分概念が接点をもってきたことを示唆したかったからである．

この表現に対する厳密な解釈，とくに du, dv の意味については，土曜日“先生との対話”の中で少し述べるが，さしあたり du, dv は u, v 方向の“微小量”と考えるか，あるいは du, dv は u 曲線，v 曲線の接線方向を示す交通信号の表記のようなものと考えておくとよい．

♣　なお，曲線 $\boldsymbol{x}(t)$ の a から b までの長さは

$$\int_a^b \|\boldsymbol{x}'(t)\| dt = \int_a^b \sqrt{\left(\frac{dx}{dt}\right)^2 + \left(\frac{dy}{dt}\right)^2 + \left(\frac{dz}{dt}\right)^2}\, dt$$
$$= \int_a^b \sqrt{Eu'^2 + 2Fu'v' + Gv'^2}\, dt$$

で与えられる．

ベクトルの外積と法線方向

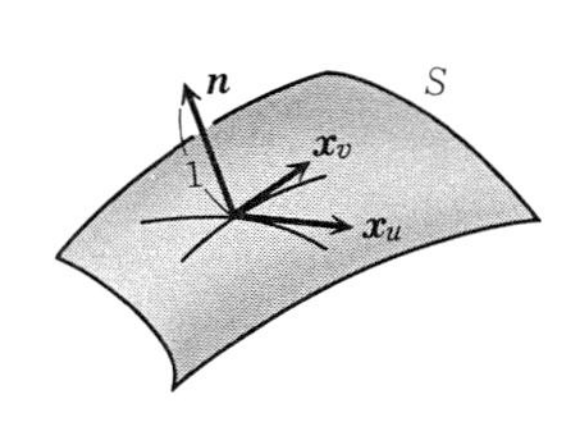

接ベクトル $\boldsymbol{x}_u, \boldsymbol{x}_v$ は，S の各点で1次独立となっているから，$\boldsymbol{x}_u, \boldsymbol{x}_v$ に直交する単位ベクトル $\boldsymbol{n}$ を S の各点でとることができる．$\boldsymbol{x}_u, \boldsymbol{x}_v, \boldsymbol{n}$ を右手系にとったとき(図参照)，$\boldsymbol{n}$ を S の**単位法線ベクトル**という．

$\boldsymbol{n}$ の成分を $\boldsymbol{x}_u, \boldsymbol{x}_v$ の成分で表わすには，ベクトルの外積という概念を導入しておくとよい．

♣　空間のベクトル $\boldsymbol{a}=(a_1, a_2, a_3)$，$\boldsymbol{b}=(b_1, b_2, b_3)$ に対して，$\boldsymbol{a}$ と $\boldsymbol{b}$ の**外積**とよばれるベクトル $\boldsymbol{a}\times\boldsymbol{b}$ を

$$\boldsymbol{a}\times\boldsymbol{b} = (a_2b_3-a_3b_2,\ a_3b_1-a_1b_3,\ a_1b_2-a_2b_1)$$

によって定義する．この外積は

$$\boldsymbol{a} \text{ と } \boldsymbol{b} \text{ が1次独立} \iff \boldsymbol{a}\times\boldsymbol{b} \neq 0$$

という基本性質をもっている．

$\boldsymbol{a}$ と $\boldsymbol{b}$ を1次独立とする．そのとき次のことが成り立つ．

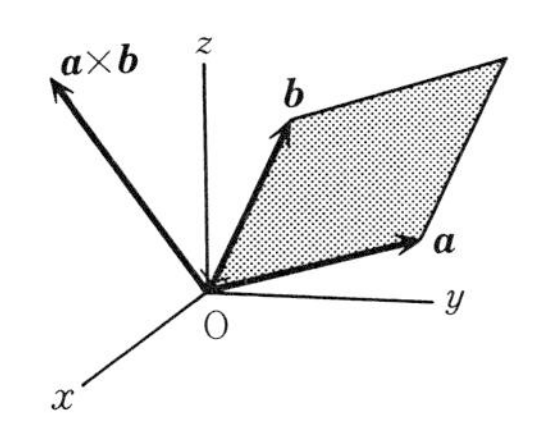

（i） $\boldsymbol{a}\times\boldsymbol{b}$ は $\boldsymbol{a}$ と $\boldsymbol{b}$ に直交している．

（ii） $\{\boldsymbol{a},\boldsymbol{b},\boldsymbol{a}\times\boldsymbol{b}\}$ は右手系になっている．

（iii） $\|\boldsymbol{a}\times\boldsymbol{b}\|$ は $\boldsymbol{a}$ と $\boldsymbol{b}$ をそれぞれ1辺とする平行四辺形の面積に等しい．

これについては，たとえば志賀『ベクトル解析30講』(朝倉書店)を参照していただきたい．

この外積を使うと，曲面 S 上の単位法線ベクトル $\boldsymbol{n}$ は，各点で

$$\boldsymbol{n}=\frac{\boldsymbol{x}_u\times\boldsymbol{x}_v}{\|\boldsymbol{x}_u\times\boldsymbol{x}_v\|}$$

と表わされることになる．（長さを1にするために $\|\boldsymbol{x}_u\times\boldsymbol{x}_v\|$ で割ってある．$\boldsymbol{n}$ の向きは局所座標のとり方(向き)によっている．もし局所座標として (v,u) をとると，$\boldsymbol{n}$ は $-\boldsymbol{n}$ となる．）

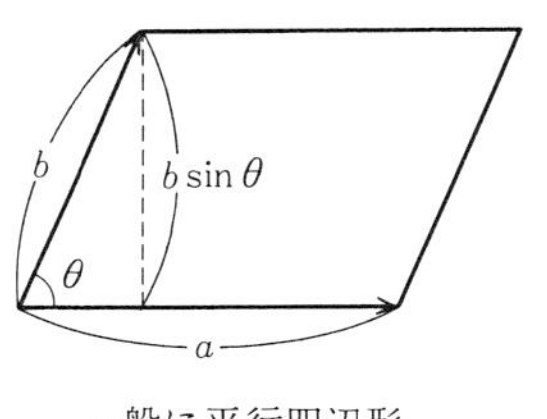

一般に平行四辺形の面積は $ab\sin\theta$

$\|\boldsymbol{x}_u\times\boldsymbol{x}_v\|$ を求めておこう．これは上の外積の性質(iii)によると，$\boldsymbol{x}_u,\boldsymbol{x}_v$ をそれぞれ1辺とする平行四辺形の面積である．したがって $\boldsymbol{x}_u,\boldsymbol{x}_v$ のつくる角を $\theta\ (0<\theta<\pi)$ とすると

$$\|\boldsymbol{x}_u\times\boldsymbol{x}_v\|=\|\boldsymbol{x}_u\|\|\boldsymbol{x}_v\|\sin\theta \tag{7}$$

である．ここで

$$E=\|\boldsymbol{x}_u\|^2,\qquad F=(\boldsymbol{x}_u,\boldsymbol{x}_v),\qquad G=\|\boldsymbol{x}_v\|^2$$

と

$$\cos^2\theta=\frac{(\boldsymbol{x}_u,\boldsymbol{x}_v)^2}{\|\boldsymbol{x}_u\|^2\|\boldsymbol{x}_v\|^2}$$

を使うと，(7)の2乗は

$$\begin{aligned}\|\boldsymbol{x}_u\times\boldsymbol{x}_v\|^2&=\|\boldsymbol{x}_u\|^2\|\boldsymbol{x}_v\|^2\sin^2\theta\\&=\|\boldsymbol{x}_u\|^2\|\boldsymbol{x}_v\|^2(1-\cos^2\theta)\\&=EG-F^2\end{aligned} \tag{8}$$

となることがわかる．したがって $EG-F^2>0$ であり

$$\|\boldsymbol{x}_u\times\boldsymbol{x}_v\|=\sqrt{EG-F^2}$$

である．したがってまた法線方向の単位ベクトルは

$$\boldsymbol{n}=\frac{\boldsymbol{x}_u\times\boldsymbol{x}_v}{\sqrt{EG-F^2}}$$

と表わされることがわかった.

記号に対するコメント

いままでは2つのベクトル $\boldsymbol{x}, \boldsymbol{y}$ の内積は $(\boldsymbol{x}, \boldsymbol{y})$ と表わしてきた. しかし曲面論では, 内積を $\boldsymbol{x} \cdot \boldsymbol{y}$ と書くのがふつうのようである. このような記法の方が, 内積とは2つのベクトルの一種の“積”であるという感じが強まってくるが, 注意しなくてはいけないのは, この積の値はベクトルではなく実数であるということである.

このとき $\boldsymbol{x} \cdot \boldsymbol{y} = \boldsymbol{y} \cdot \boldsymbol{x}$ は明らかであるが, この表わし方が便利なのは, $\boldsymbol{x}, \boldsymbol{y}$ がたとえば t の関数のとき, “積の微分の規則”

$$(\boldsymbol{x} \cdot \boldsymbol{y})' = \boldsymbol{x}' \cdot \boldsymbol{y} + \boldsymbol{x} \cdot \boldsymbol{y}'$$

が成り立つことによっている. 実際この式を確かめるには, $\boldsymbol{x} \cdot \boldsymbol{y} = x_1(t)y_1(t) + x_2(t)y_2(t) + x_3(t)y_3(t)$ と表わして t に関して微分してみるとよい.

私たちもこれからこの記法を使うことにする. そうすると曲面の第1基本量 E, F, G は

$$E = \boldsymbol{x}_u \cdot \boldsymbol{x}_u, \quad F = \boldsymbol{x}_u \cdot \boldsymbol{x}_v, \quad G = \boldsymbol{x}_v \cdot \boldsymbol{x}_v$$

と表わされることになる.

切断面に現われる曲率

リンゴをナイフで切ったときの切り口や, 木をノコギリで切ったときの切り口を思い出してみても, 曲面の凹凸や曲がり方は, 切り口に現われる曲線の形に反映してくることは誰でも納得できることである. しかし凹凸のはげしい曲面のときには, 切断面の方向によって切り口の曲線の形はまったく変わってくる. 1点のごく近くを見ても, 切り口の曲線の曲率はいろいろに変化する. 1点を通る切り口に現われるさまざまの曲線の曲率の中から, それがすべて1つの曲面の切断面に現われる曲率であるということが反映するような事実が見出せるだろうか. もしそのような事実が見出せるならば,

それは曲面とその切り口の曲線との幾何学的な相関を示すものとなるだろう．

この方向での研究はオイラーによって着手された．オイラーは1つの美しい定理を見出したのである．それをこれから説明しよう．

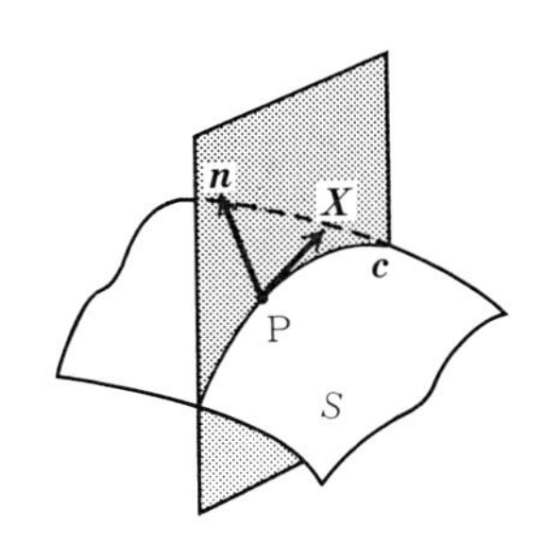

曲面 S 上の1点をPとし，Pにおける S の単位法線ベクトル $\boldsymbol{n}$ と，Pにおける S の単位接ベクトル $\boldsymbol{X}$ をとっておこう．$\boldsymbol{X}$ と $\boldsymbol{n}$ を含む平面――**法截面**――で S を切り，切り口に現われる曲線を $\boldsymbol{c}$ とする．$\boldsymbol{c}$ は曲面を垂直方向から切ったとき切り口に現われる曲線である！　Pから $\boldsymbol{X}$ 方向に測った $\boldsymbol{c}$ の長さ s を，$\boldsymbol{c}$ を表わすパラメータとすると

$$\boldsymbol{c}'(0) = \boldsymbol{X}$$

である．$\boldsymbol{c}$ を法截面上の平面曲線と考えて，$\boldsymbol{c}$ のPにおける曲率を κ とする．私たちはあとでこの曲率 κ は，曲面 S と $\boldsymbol{c}$ の1階微分 $\boldsymbol{X}$ だけで決まることを示すが，ここでは記号の見やすさということもあって，この結果を先取りしてこの κ を

$$\kappa = \kappa_{\boldsymbol{X}} \tag{9}$$

と表わすことにする．

オイラーは，$\boldsymbol{n}$ を通る平面を $\boldsymbol{n}$ を軸としていろいろにまわしてみて――同じことであるが接ベクトル $\boldsymbol{X}$ をいろいろな方向にとって――，その法截面に現われる切り口の曲線の曲率に注目した．そしてオイラーの定理として引用される次の結果を得たのである．

定理　Pにおける S の単位接ベクトル $\boldsymbol{X}$ をいろいろにとったとき，$\kappa_{\boldsymbol{X}}$ は定数ではないとする．このとき，2つの単位接ベクトル $\boldsymbol{X}_1$, $\boldsymbol{X}_2$ があって，次の性質をもつ．

（i）$\kappa_{\boldsymbol{X}_1}$ は $\kappa_{\boldsymbol{X}}$ の最大値，$\kappa_{\boldsymbol{X}_2}$ は $\kappa_{\boldsymbol{X}}$ の最小値

（ii）$\boldsymbol{X}_1$ と $\boldsymbol{X}_2$ は直交する．

（iii）$\boldsymbol{X}$ と $\boldsymbol{X}_1$ のつくる角を θ とすると

$$\kappa_{\boldsymbol{X}} = \kappa_{\boldsymbol{X}_1}\cos^2\theta + \kappa_{\boldsymbol{X}_2}\sin^2\theta$$

この定理の証明は省略するが，すぐあとで第2基本形式を用いて，この定理を証明するための骨組みだけは示すことにしよう（初等的

な証明は，Spivak『Differential Geometry』Vol. II に載せられている）.

定義　$\kappa_{X_1}, \kappa_{X_2}$ を点Pにおける**主曲率**，X_1, X_2 を**主曲率方向**という.

この定理によって，κ_X が定数ではない点では，つねに κ_X の最大，最小を与えるような直交する2つの接線方向が S 上で決まっていることになる．その2つの方向が主曲率方向である．単位接ベクトル X をいろいろにかえてみても，κ_X が定数となっているような点を曲面の**臍点**(ぜいてん)——おへその点——という．球面と平面以外の曲面では，おへその点は曲面上に孤立して存在している．一方，球面と平面ではすべての点がおへそになっている.

さて，おへその点以外のところでは，主曲率方向に2つの直交する“信号標識”が与えられている．この信号の指し示す方向は，点が変わると連続的に変化していく．したがってある点から出発して，この信号標識の示す1つの方向にしたがって曲面上を歩き続けて行くことを考えると，おへそに着かない限りは，道に迷うことなく歩いて行くことができるだろう．この道は曲面上に曲線を描く．この曲線を**曲率曲線**という．曲面は，臍点以外では，直交する2本の曲率曲線が通っていることになる．このようにして，曲面は臍点以外のところでは，直交曲線網によっておおわれていることになる.

たとえば(球面でない)楕円面は4つの臍点をもっている．楕円面上で曲率方向に走る曲率曲線を図示してみると下のようになっている.

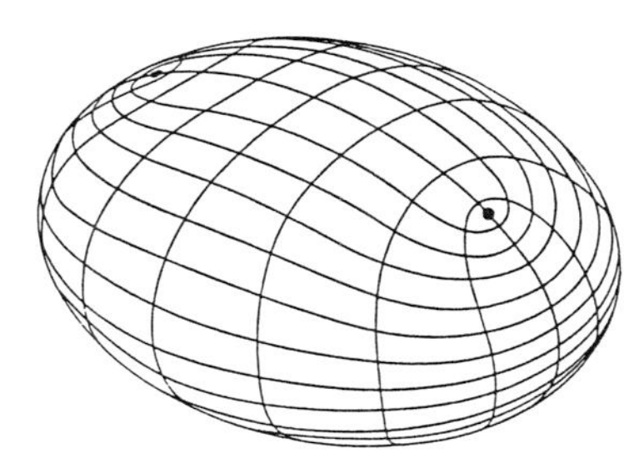

このような簡単な曲面の場合でも，曲面の曲がり方とはいかに微妙なものかということが，この図から感じとることができるだろう．

♣ なお，楕円面 $\frac{x^2}{a^2}+\frac{y^2}{b^2}+\frac{z^2}{c^2}=1$ $(a>b>c>0)$ の臍点の座標は

$$\left(\pm a\sqrt{\frac{a^2-b^2}{a^2-c^2}},\ 0,\ \pm c\sqrt{\frac{b^2-c^2}{a^2-c^2}}\right)$$

である．

ムーニエの定理

オイラーの考察したのは，法截面の切り口として現われる曲面上の曲線の曲率であった．曲面上の点Pを通る勝手な曲線(曲面上に乗っている空間曲線！)をとったときには，この曲線のPにおける曲率は，曲面のどのような量と関係してくるのだろうか．

いま点Pを通る曲面 S 上の曲線を

$$\boldsymbol{x}(s) = (x(s), y(s), z(s)) \tag{10}$$

と表わす．ここでパラメータ s はPから測った曲線の長さとする．点Pは $\boldsymbol{x}(0)$ と表わされている．Pにおけるこの曲線の曲率を κ とする．昨日の“お茶の時間”を参照してみると，$s=0$ のところで

$$\boldsymbol{x}' = \boldsymbol{e}_1, \quad \boldsymbol{e}_1' = \kappa \boldsymbol{e}_2$$

となっている．ここで $\boldsymbol{e}_1$ は曲線(10)のPにおける単位接ベクトル，$\boldsymbol{e}_2$ はPにおける単位主法線ベクトルである．$\boldsymbol{e}_1'$ を改めて

$$\boldsymbol{\kappa} = \kappa \boldsymbol{e}_2 \tag{11}$$

とおいて，これをPにおける**曲率ベクトル**ということにしよう．

いまこの曲率ベクトル $\boldsymbol{\kappa}$ と，曲面のPにおける法線ベクトル $\boldsymbol{n}$ のつくる角を θ とする．このとき次のムーニエの定理が成り立つ．

定理　Pにおける曲線の接ベクトル $\boldsymbol{e}_1$ と $\boldsymbol{n}$ ではられる法截面による曲面 S の切り口の曲線の，Pにおける曲率を κ_n とする．このとき

$$\kappa_n = \kappa \cdot \cos\theta$$

が成り立つ．

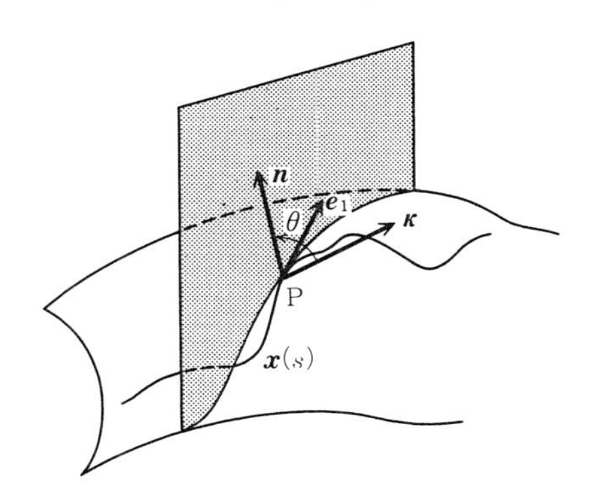

この定理は微妙で説明しにくいが，曲面上を走る曲線の曲がり方 $\boldsymbol{\kappa}$ は，曲面にあるという制約から，曲面を垂直方向から切った切り口の曲線の曲がり方 κ_n と密接に関係しているということを示しているのである．さらにこの関係が曲面の法線ベクトルと，曲線の曲率ベクトルとのつくる角という幾何学的にはっきりした量によって与えられているところに注目すべき点がある．

さて，この定理に現われた $\cos\theta$ は，内積を使って

$$\cos\theta = \boldsymbol{e}_2\cdot\boldsymbol{n}$$

と表わされる．したがって定理の結論は(11)から

$$\kappa_n = \boldsymbol{\kappa}\cdot\boldsymbol{n} \tag{12}$$

となる．あるいは

$$\kappa_n = \frac{d\boldsymbol{e}_1}{ds}\cdot\boldsymbol{n} \qquad (12)'$$

と書いてもよい．

この $\boldsymbol{\kappa}\cdot\boldsymbol{n}$ は，考えている曲線(10)のPにおける**法曲率**とよばれるものである．ムーニエの定理をくり返して述べておくと，曲面上に点Pを通る曲線 $\boldsymbol{x}(s)$ があったとき，Pにおけるこの曲線の法曲率は，曲線の接線にしたがって曲面を“たて”に切ったとき，切り口の曲線のPにおける曲率 κ_n となっている．いまこの κ_n をもう少し書き直してみたい．そのため $\boldsymbol{x}$ が S 上にあるということから導かれる直交関係

$$\boldsymbol{e}_1\cdot\boldsymbol{n} = 0$$

を曲線上で考えることにすると，$\boldsymbol{e}_1$ も $\boldsymbol{n}$ も s の関数となっており，

したがって s で微分して，$s=0$ とおくと点 P における関係式

$$\kappa_n+\boldsymbol{e}_1\frac{d\boldsymbol{n}}{ds}=0 \qquad ((12)' による)$$

が得られる．すなわち

$$\kappa_n=-\boldsymbol{e}_1\frac{d\boldsymbol{n}}{ds}=-\frac{d\boldsymbol{x}}{ds}\frac{d\boldsymbol{n}}{ds} \tag{13}$$

という表示式が得られた．

第 2 基本形式

すぐ上に書いた法曲率 κ_n の表示式(13)から，κ_n を曲面の局所座標 (u,v) を用いて表わす多少象徴的ともみえる次の表示式が得られる．

$$\kappa_n=\frac{edu^2+2fdudv+gdv^2}{Edu^2+2Fdudv+Gdv^2} \tag{14}$$

ここで分母は第 1 基本形式である．

分子に現われている e,f,g は，曲面上で u,v についての関数であって，次のように表わされるものである．

$$e=-\boldsymbol{x}_u\cdot\boldsymbol{n}_u$$

$$2f=-(\boldsymbol{x}_u\cdot\boldsymbol{n}_v+\boldsymbol{x}_v\cdot\boldsymbol{n}_u)$$

$$g=-\boldsymbol{x}_v\cdot\boldsymbol{n}_v$$

♣ これは次のような考えで導かれる．(13)から近似的に

$$\kappa_n=-\frac{1}{(\Delta s)^2}\{(\boldsymbol{x}(s+\Delta s)-\boldsymbol{x}(s))\cdot(\boldsymbol{n}(s+\Delta s)-\boldsymbol{n}(s))\}$$

ここで｛ ｝の中は近似的に

$$\left(\boldsymbol{x}_u\frac{\Delta u}{\Delta s}\Delta s+\boldsymbol{x}_v\frac{\Delta v}{\Delta s}\Delta s\right)\cdot\left(\boldsymbol{n}_u\frac{\Delta u}{\Delta s}\Delta s+\boldsymbol{n}_v\frac{\Delta v}{\Delta s}\Delta s\right)$$

$$=(\boldsymbol{x}_u\Delta u+\boldsymbol{x}_v\Delta v)\cdot(\boldsymbol{n}_u\Delta u+\boldsymbol{n}_v\Delta v)$$

$$=(\boldsymbol{x}_u\cdot\boldsymbol{n}_u)(\Delta u)^2+(\boldsymbol{x}_u\cdot\boldsymbol{n}_v+\boldsymbol{x}_v\cdot\boldsymbol{n}_u)\Delta u\Delta v+(\boldsymbol{x}_v\cdot\boldsymbol{n}_v)(\Delta v)^2$$

一方，右辺の分母に現われている $(\Delta s)^2$ は

$$(\Delta s)^2=E(\Delta u)^2+2F\Delta u\Delta v+G(\Delta v)^2$$

である．ここで $\Delta s\to 0$，したがって $\Delta u, \Delta v\to 0$ とした式を，“信号標識” du, dv を用いて表わすと(14)になる．

このような記法をさらに積極的に用いることにして

$$d\boldsymbol{x} = \boldsymbol{x}_u du + \boldsymbol{x}_v dv$$

$$d\boldsymbol{n} = \boldsymbol{n}_u du + \boldsymbol{n}_v dv$$

とおくと(全微分の式！)，(14)の分子は

$$-d\boldsymbol{x}\cdot d\boldsymbol{n}$$

と表わされる．$\boldsymbol{x}$ は曲面上のベクトルを表わしていると考える．

定義　$-d\boldsymbol{x}\cdot d\boldsymbol{n} = edu^2+2fdudv+gdv^2$ を，曲面の**第2基本形式**という．

(14)は κ_n を表わす1つの表示の仕方であるが，実際上意味していることは次のようなことである．いま曲面 S 上にあって点Pを通る曲線 C を考える．Pの近くで曲線 C は局所座標 u, v によって $v=\varphi(u)$ と表わされているとする．このとき C の点Pにおける接線の傾き λ は

$$\lambda = \frac{dv}{du}$$

で表わされる．したがってこの曲線 C のPにおける法曲率 κ_n は，(14)から((14)の式の分母，分子を形式的に $(du)^2$ で割ってみることにより)

$$\kappa_n = \frac{e+2f\lambda+g\lambda^2}{E+2F\lambda+G\lambda^2} \tag{15}$$

で与えられる．

この式から法曲率 κ_n は，曲線 C の点Pにおける接線の傾き λ と，曲面上の量 E, F, G, e, f, g で決まることがわかる．接線の傾き λ がわかれば，あとは曲線の曲がり工合は(少なくも法曲率 κ_n でみる限り)曲面自身の形によって決まってしまっているというのである．すなわち，曲面上の曲線はPで同じ接線の傾き λ をもつ限り，法截面上にあっても(オイラーの定理の場合)，また曲面上を自由に動

いていても(ムーニエの定理の場合)，Pでの法曲率は変わらないのである．なお，法截面の切り口の曲線の場合には，法曲率は曲線の曲率そのものとなっている．(15)の式をλについて微分しκ_nの最大値，最小値をとるλを調べることにより，このようなλが互いに直交する方向にあるというオイラーの定理を示すことができる．またここではムーニエの定理から現われたκ_nに注目する形をとって話を進めてきたが，はじめに曲面上の曲線に対して$\kappa_n=\boldsymbol{\kappa}\cdot\boldsymbol{n}$と定義して，上の推論をたどると，この曲線の1点におけるκ_nの値は，同じ接線をもつ法截面の切り口として現われる曲線のκ_nに等しいことがわかる．これはムーニエの定理に1つの証明を与えたことになっている．

全曲率

ムーニエの定理によって，曲面上の曲線の法曲率と法截面に現われる曲線との関係がわかったから，これからはオイラーの観点にもどって法截面の切り口として現われる曲線の曲率を考えることにしよう．点Pを通って曲面の単位接ベクトル$\boldsymbol{X}$の方向の法截面の切り口の曲線のPにおける曲率を，(9)のように$\kappa_{\boldsymbol{X}}$と表わすことにしよう．オイラーの定理に示してある主曲率を$\kappa_{\boldsymbol{X}_1}$(最大値)，$\kappa_{\boldsymbol{X}_2}$(最小値)とすると，

$$\kappa_{\boldsymbol{X}_2}\leqq\kappa_{\boldsymbol{X}}\leqq\kappa_{\boldsymbol{X}_1}$$

が成り立つが，いまの場合$\kappa_{\boldsymbol{X}}$は法曲率に等しいから，(15)により

$$\kappa_{\boldsymbol{X}_2}\leqq\frac{e+2f\lambda+g\lambda^2}{E+2F\lambda+G\lambda^2}\leqq\kappa_{\boldsymbol{X}_1} \tag{16}$$

がすべての実数λに対して成り立つことになる．

ここで曲面論にとってもっとも重要な概念を導入する．

定義　$K=\kappa_{\boldsymbol{X}_1}\kappa_{\boldsymbol{X}_2}$とおいて，$K$をPにおける**全曲率**，または**ガウス曲率**という．Pが臍点のときは$\kappa_{\boldsymbol{X}_1}=\kappa_{\boldsymbol{X}_2}=k$となるが，このときは$K=k^2$とおく．

全曲率Kの符号によって，曲面上の点は楕円的点，放物的点，双曲的点と3つに大きく分類される．以下ではPは臍点ではないとする．

(Ⅰ) 楕円的点

ある点Pで$K>0$が成り立つとき，Pを**楕円的点**という．このとき$\kappa_{X_1}, \kappa_{X_2}>0$か，$\kappa_{X_1}, \kappa_{X_2}<0$である．したがって(16)によって，

$$\frac{e+2f\lambda+g\lambda^2}{E+2F\lambda+G\lambda^2}$$

はすべてのλに対して定符号——つねに正か，つねに負——となっていることがわかる．(8)から分母はつねに正だから，分子が定符号となっていなくてはならない．逆に分子が定符号ならば，Pは楕円的点である．分子はλに関する2次式だから，これが定符号となる条件は$f^2-eg<0$である．すなわち

$$\text{P が楕円的点} \Longleftrightarrow f^2-eg<0$$

楕円的点では，切り口の曲線の曲率ベクトルの向く方向が，どの方向で切ってもつねに法線ベクトルの一方の側にある．このことは(12)を参照するとわかる．

楕円面

$$\frac{x^2}{a^2}+\frac{y^2}{b^2}+\frac{z^2}{c^2}=1$$

の全曲率Kは

$$K=\frac{1}{a^2b^2c^2\left(\dfrac{x^2}{a^4}+\dfrac{y^2}{b^4}+\dfrac{z^2}{c^4}\right)^2}$$

で与えられる(小林昭七『曲線と曲面の微分幾何』(裳華房)参照)．したがって楕円面の点はすべて楕円的点となっている．

(Ⅱ) 放物的点

ある点Pで$K=0$が成り立つとき，Pを**放物的点**という．このとき$\kappa_{X_1}, \kappa_{X_2}$のいずれか1つは0となる．したがって

$$\mathrm{P}\text{ が放物的点} \Longleftrightarrow f^2 - eg = 0$$

がわかる．

放物的点ではある方向での法截面で切ったとき，切り口の曲線は接平面と高次の接触をしている．

（Ⅲ） 双曲的点

ある点Pで $K<0$ が成り立つとき，Pを**双曲的点**という．条件として

$$\mathrm{P}\text{ が双曲的点} \Longleftrightarrow f^2 - eg > 0$$

が成り立つ．

双曲的点Pでは $\kappa_{\boldsymbol{X}_1}>0$，$\kappa_{\boldsymbol{X}_2}<0$ である．したがって，$\boldsymbol{n}$ を軸として法截面を $\boldsymbol{X}_1$ の方向から $\boldsymbol{X}_2$ の方向へと回していくと，$\kappa_{\boldsymbol{X}}$ は $\kappa_{\boldsymbol{X}_1}$ からしだいに減少して $\kappa_{\boldsymbol{X}_2}$ へと達するが（オイラーの定理（iii）による），その途中で $\kappa_{\boldsymbol{X}}=0$ となるところがある．そのような状況がよくわかるのは，一葉双曲面の鞍点においてである（図参照）．

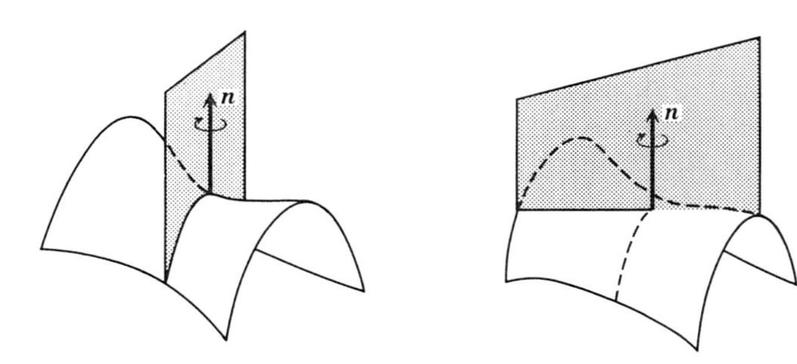

なお，一葉双曲面

$$\frac{x^2}{a^2}+\frac{y^2}{b^2}-\frac{z^2}{c^2}=1$$

の全曲率 K は

$$K = \frac{-1}{a^2b^2c^2\left(\dfrac{x^2}{a^4}+\dfrac{y^2}{b^4}+\dfrac{z^2}{c^4}\right)^2}$$

で与えられる．

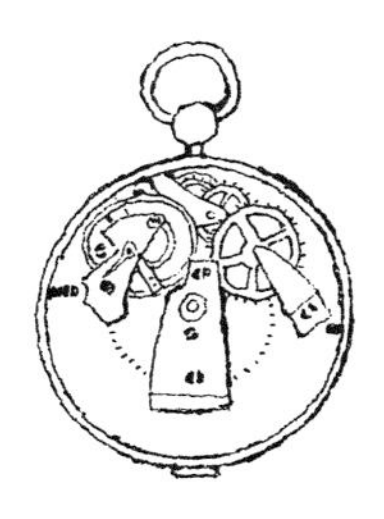

歴史の潮騒

曲面上の曲線の曲率を最初に研究したのはオイラーである．オイラーは最初，曲面を平面で切ったときの切り口の曲率を求めてみた．そのため曲面を $z=f(x,y)$ で表わし，いまでも偏微分を扱うときときどき使われる記法

$$p=\frac{\partial z}{\partial x},\ q=\frac{\partial z}{\partial y},\ r=\frac{\partial p}{\partial x},\ \frac{\partial p}{\partial y}=\frac{\partial q}{\partial x}=s,\ \frac{\partial q}{\partial y}=t$$

を導入した上で，この曲面を $z=\alpha y-\beta x+\gamma$ という平面で切ったときの切り口の曲線の曲率を計算した．その結果，曲率の逆数は

$$\frac{\alpha^2+\beta^2-2\alpha q+2\beta p+(\alpha p+\beta q)^2+(p^2+q^2)^{\frac{3}{2}}}{\left[(\alpha-q)^2\dfrac{\partial p}{\partial x}+(\beta+p)^2\dfrac{\partial p}{\partial y}+2(\alpha-q)(\beta+p)\dfrac{\partial q}{\partial y}\right]\sqrt{1+\alpha^2+\beta^2}}$$

となった．オイラーはこの式の複雑さにがっかりしたが，法截面の切り口の曲線の曲率を求めるときは，別の記法を用いることによって，前に述べたオイラーの定理を見出すことに成功したのである．そしてその結果を1760年の論文，“曲面の曲率についての研究”の中で発表した．オイラーは可展面——平面または平面の一部分と等距離で移り合えるような曲面(例: 柱面，錐面)——の研究にも着手したが，その研究はモンジュによって引き継がれることになった．

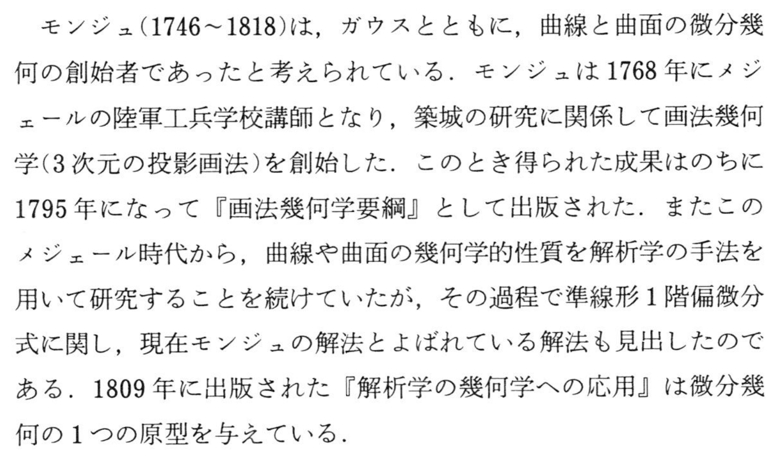

モンジュ(1746～1818)は，ガウスとともに，曲線と曲面の微分幾何の創始者であったと考えられている．モンジュは1768年にメジェールの陸軍工兵学校講師となり，築城の研究に関係して画法幾何学(3次元の投影画法)を創始した．このとき得られた成果はのちに1795年になって『画法幾何学要綱』として出版された．またこのメジェール時代から，曲線や曲面の幾何学的性質を解析学の手法を用いて研究することを続けていたが，その過程で準線形1階偏微分式に関し，現在モンジュの解法とよばれている解法も見出したのである．1809年に出版された『解析学の幾何学への応用』は微分幾何の1つの原型を与えている．

モンジュは過激なジャコバン党員としてフランス革命の渦中に入

っていった．1795年にエコール・ポリテクニクが発足するとその教授となり，1797年からは校長となり，“エコール・ポリテクニクの父”として指導的役割を果たすようになった．モンジュはよき教師であった．モンジュの代数幾何や微分幾何の講義は若い数学者たちに感銘を与え，その中から射影幾何学の体系をつくったポンスレーや，また曲面論に貢献したデュパン，ロドリグなどが輩出した．この流れは，1836年にリューヴィユによって刊行された数学誌『*Journal de Mathématiques pures et appliquées*』を核として形成されたフランスの若い数学者層，フルネ(1816～1900)，セレー(1819～1885)，ピュイゾー(1820～1883)，ベルトラン(1822～1900)などによって引き継がれたのである．

なお，ムーニエ(Jean Baptiste Meusnier 1754～1793)にも触れておこう．ムーニエは，兵士としてメジェール工兵学校の生徒であったが，モンジュが彼にオイラーの論文を示してから，オイラーが取り扱わなかった曲面上の一般の曲線の曲率について調べ，その結果を論文として1776年フランス科学アカデミーへ送ったのである．わずか21歳の若さであった．1783年11月にモンゴルフィエの熱気球が，係留索なしで初めて大空へ飛行したが，その後1年ほどムーニエは“aerostation”に関する基本的な研究をしていた．同じ頃彼はラボァジェと水を元素に分解する共同研究もしている．ムーニエという人は，啓蒙時代に生きた多才な人だったのだろう．しかし革命軍の戦士として，マイアンスの包囲戦の中でその命を終えた．

19世紀を通して，おもにフランスの解析学者，幾何学者たちによって深められた曲面論の集大成は，1887年から1896年まで4巻にわたって出版されたダルブーの大作『曲面の一般理論の講義』によって与えられた．この著作は各巻がそれぞれ500頁を越しており，総計では2100頁に達しようとしている．幾何学は曲面論によってその対象と問題をほとんど果てしないところまで広げ，また深めてしまった．この時代に古典幾何学の硬い枠を破ったのはそこに本質的に用いられた解析学であったといってよいのだろう．

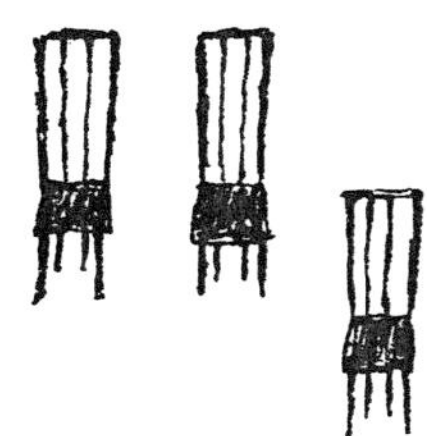

先生との対話

先生が

「今日の話の中でいろいろな概念を導入してきましたが，曲面論にとってもっとも大切と思われるものは，第1基本形式，第2基本形式と，2つの主曲率の積として定義された全曲率です．この全曲率については明日また述べることにしますが，そこで曲面論にガウスが登場してきます．全曲率をなぜガウス曲率ともよぶのかという事情も明日判明するでしょう．」

といわれた．山田君が質問に立った．

「第1基本形式，第2基本形式のときに使った記号 du, dv などは，以前僕が微積の教科書で見た全微分のときに使った記号と同じものだと考えてよいのですか．」

「関数の全微分って何だったっけ．」

と誰かが小声で聞いたので，山田君が説明した．

「たとえば x が u, v の関数で，$x = x(u, v)$ と表わされているとき，$x(u+\Delta u, v+\Delta v) - x(u, v)$ について $\Delta u, \Delta v$ よりも高位の無限小を捨てた式を

$$dx = \frac{\partial x}{\partial u}du + \frac{\partial x}{\partial v}dv$$

と書いて，この式のことを，x の u, v についての全微分というのだよ．」

先生がちょっと首をかしげて考えてから山田君の質問に答えられた．

「そういってもよいのですが，全微分のときの記号 dx や du, dv は非常に便利なもので，これを使ってどんどん計算しますが，何かもうひとつ意味のはっきりしないものがありました．ことに曲面論では，たとえば第1基本形式の中でも du^2 や $dudv$ などの表現もでてきました．実際はもう少しはっきりとした意味をつけておいた方がよいのです．その必要性はとくに局所座標 (u, v) から別の局所座標 $(\bar{u}, \bar{v})$ へと変えたとき，du, dv と $d\bar{u}, d\bar{v}$ との関係を代数的に

はっきりさせた方がよいことからも生じます．曲面論を展開するときには，du, dv の記号の中から，無限小の変位を幾何学的によみとるような見方もなくては困りますが，この量をやはり“代数解析的に”取り扱える視点も必要となってきます．これについては，土曜日に少し触れますが，興味のある人は志賀『ベクトル解析 30 講』(朝倉書店)を参照してみるとよいでしょう．」

明子さんがノートを見ながら質問した．

「第 1 基本形式 $Edu^2+\cdots$ では，たとえば E は $\left(\dfrac{\partial x}{\partial u}\right)^2$ と表わされますが，第 2 基本形式 $edu^2+2fdudv+gdv^2$ の係数 e, f, g は局所座標 (u, v) ではどんな関数になっているのでしょうか．」

「$x=x(u, v)$ の u についての 2 階の偏導関数を x_{uu} のような書き方を採用しておくと，e は行列式を用いて

$$e = \frac{\begin{vmatrix} x_{uu} & y_{uu} & z_{uu} \\ x_u & y_u & z_u \\ x_v & y_v & z_v \end{vmatrix}}{\sqrt{EG-F^2}}$$

と表わされます．f と g はこの e の分子に現われた行列式の第 1 行目を，それぞれ (x_{uv}, y_{uv}, z_{uv}) と (x_{vv}, y_{vv}, z_{vv}) におきかえることによって得られます．ですから e, f, g は 2 階の偏導関数まで含んだ非常に複雑な式となります．これを見るとオイラーが曲面上の曲線の曲率を調べようとして，最初に立ち止まったこともよくわかりますね．

なお第 1 基本形式は曲面上の線素の長さの 2 乗(木曜日参照)ds^2 の表現にかかわっていますから，曲面そのものによって定義される形式といってよいのですが，第 2 基本形式は $-d\boldsymbol{x}\cdot d\boldsymbol{n}$ ですから，曲面を外から見た形——法線ベクトルの変化——が定義の中に入っています．」

かず子さんは，手で曲面の形をいろいろにつくってみて考えていたが，先生の話が終ったので質問した．

「曲面のすべての方向の微妙な曲がり方を 1 つの量で示すことなどそれは不可能なことなのでしょうね．そのため主曲率をかけた式を全曲率といって，それによって 1 つの量を取り出したのですね．この量は比較的わかりやすい量かと思いましたが，楕円面の全曲率

を表わす式は整理すると分子に $a^6b^6c^6$ など出てくるのでびっくりしました．それでも全曲率というのは，先生のお話では曲面論にとってもっとも大切な量なのですね．ところで2つの主曲率を加えたものも考えることはないのでしょうか．」

「確かにいまの段階では，全曲率にまだそれほど深い幾何学的意味があるとはいえません．実際，楕円面の全曲率の式を見ていると，こんな量が何かはっきりした幾何学的な性質を反映しているのかと疑わしくさえなります．しかし全曲率は確かに幾何学的量なのです．全曲率の中に隠されていた深い鉱脈はガウスによって探しあてられました．それが明日の最初の主題となるのです．

なお，2つの主曲率を κ_1, κ_2 とするとき

$$H = \frac{1}{2}(\kappa_1 + \kappa_2)$$

とおいて平均曲率といいます．与えられた境界をもつ曲面の中で面積が最小となる曲面を極小曲面といいますが，このときには $H=0$ となります．曲面論の立場で最初に極小曲面を問題としたのは，やはりムーニエだったのです．」

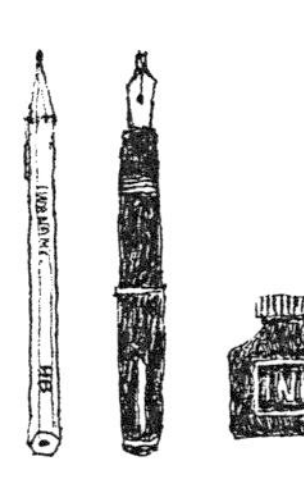

問　　題

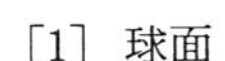

［1］ 球面

$$x = \cos u \cos v, \quad y = \cos u \sin v, \quad z = \sin u$$

の第1基本形式を求めなさい．

［2］ “先生との対話”で述べてある第2基本形式の表示を参照して，問題［1］の球面の場合の第2基本形式を求めなさい．

［3］ ドーナツ面

$$x = (R + r\cos u)\cos v, \quad y = (R + r\cos u)\sin v,$$
$$z = r\sin u \qquad (0 < r < R)$$

の第1基本形式と第2基本形式を求めなさい．

お茶の時間

質問　今日の“先生との対話”でのかず子さんの質問を聞いて，僕も改めて楕円面と一葉双曲面の全曲率の式を見直してみましたが，むずかしい式だけれども，式の形は整っていると思いました．半径1の球面のとき全曲率はどうなるのだろうと思って，楕円面の全曲率の式に $a=b=c=1$ を代入してみました．このときこの式は球面 $x^2+y^2+z^2=1$ の全曲率を与えているはずです．そのとき式の値は1となりました．半径 r の球面のときには $a=b=c=r$ を代入して $\frac{1}{r^2}$ となりましたから，一般に半径 r の球の全曲率は定数で，$\frac{1}{r^2}$ となるのですね．

そこで似たようなことを一葉双曲面のとき試みてみましたが，$a=b=c=1$ を代入しても定数にはなりません．一葉双曲面のとき，全曲率はつねに負のことはすぐわかります．僕がお聞きしたいのは，全曲率がつねに負で，しかも定数，たとえば -1 となっている曲面はあるかということです．

答　全曲率 K が曲面のいたるところで定数となっている曲面を定曲率曲面という．定曲率曲面で $K>0$ のものの例としては，君のいったように球面がある．$K=0$ の例としては平面がある．$K<0$ のときに，たとえば $K=-1$ のとき，もしそのような定曲率曲面があったとすると，各点で一方の主曲率が κ（>0）ならば，他方の主曲率は $-\frac{1}{\kappa}$ となっていなくてはならない．ところがそのような曲面をつくろうとすると，必ずどこかに特異点——円錐の頂点のようなところや，もうそれ以上伸ばせないような縁——が出てくるのである．図に書かれている3つの“曲面”は，特異点を除くと負の定曲率をもっている．1番左の曲面は頂点が特異点であり，2番目の曲面は上の方には細くなっていくらでも伸びていくが，下方に境界があって，これ以上伸ばせない．3番目の曲面は上と下に境界をもっている．

どこまでも伸びて広がっていくような負の定曲率をもつ曲面のようなものを考えるためには，曲面上の曲線の“長さ”の考えを変え

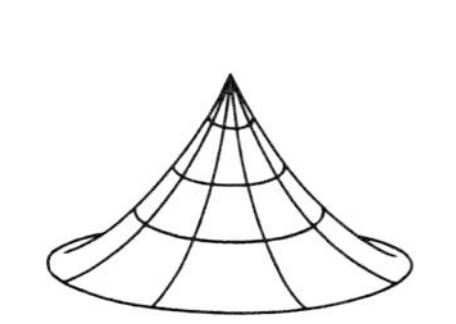
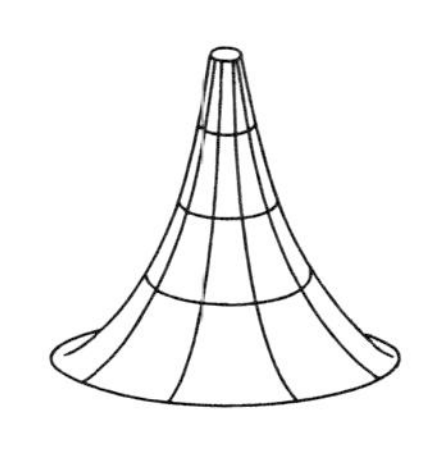
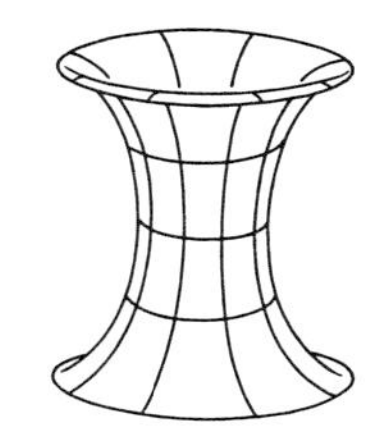

ていかなくてはならない．この考えは実は非ユークリッド幾何につながっていくのである．これについては木曜日の“非ユークリッド幾何のモデルを与える曲面”でもう少し詳しく述べることにする．なお非ユークリッド幾何については，最近中岡稔『双曲幾何学入門』(サイエンス社)という幾何学的観点に立ったすぐれた本が出版されている．興味のある人は参照されるとよいだろう．

木曜日

ガウスからリーマンへ

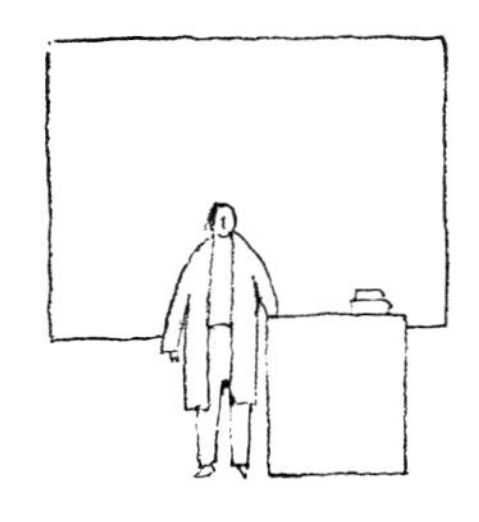

先生の話

昨日の“歴史の潮騒”の中でも述べましたように，3次元の画法幾何学からスタートしたモンジュは，エコール・ノルマールからエコール・ポリテクニクへの設立とその後の発展を通して，ラグランジュ，ラプラス，アンペールなどとも結ばれるようになりました．青年時代，画法幾何学によって育ててきた，さまざまな角度から曲面を見る鋭い眼は，やがて微分を用いて曲面の実体を数学的に解析する方向へと向けられることになり，曲面論の対象とすべきものがそこに浮かび上がってきたといってよいのでしょう．そしてモンジュの明快な講義に魅せられた若手の数学者たちによって，“曲面論”という1つの研究分野が形成されてきました．

なお，話は少し脱線しますが，創成期におけるエコール・ノルマールの講義ぶりは，ラグランジュはそのイタリー訛りで，ラプラスはその講義の速さで目立っていたようです．しかしこの2人の講義の仕方はともにもの静かな調子でしたが，それと対照的に，モンジュの講義は，声も大きく理論的な面と応用的な面とを熟達した仕方で教え，この講義に出席していたフーリエも彼の講義には魅せられていたようです．

さて，しかしもし曲面論がモンジュの示したこの方向だけに進むならば，曲面の示す複雑な様相を解明するために，しだいに立ち入った微分量が必要になり，やがてその理論全体は，しだいに細かく分枝していく道をたどりながら，深い森の中へと入っていってしまったでしょう．

だが，実際は曲面論の中にまったく新しい視点がおかれるようになりました．それはガウスによる驚くべき発見でした．ガウスは，曲面の全曲率は，曲面の微小部分と球面の微小部分の面積比の極限量として捉えられることを示したのです．ガウスはこのことからさらに，全曲率は曲面上の微小な長さを与える基準，第1基本形式 $ds^2 = Edu^2 + 2Fdudv + Gdv^2$ にしかよらないことを示しました．ご

く直観的な言い方では，隣接する2点間の曲面上で測った距離が変わらないように曲面を変形してみても，全曲率は変わらないのです．たとえばごく薄い鋼板でつくった曲面をたわめてみても，伸縮はしないので，したがって長さは変わりませんから全曲率もまた変わらないのです．たとえば平らなブリキ板をまるめて，少し歪んだ円柱をつくってみても，平面の全曲率は0ですから，この円柱の全曲率も各点で0であると結論できるのです．

曲面上の微小な長さだけで全曲率が決まってしまうということは，“画法幾何学”で見た曲面の形から，もっと内在的な曲面上の長さというところへ，私たちの視点を移していく契機を与えることになるでしょう．幾何学を成立させるものは，形そのものではなく，むしろ長さの概念にあるという視点も存在します．実際，長さの概念はユークリッド幾何学にとって基本的なものでした．3辺の長さを決めると，互いに合同で移り合える三角形の1つの形が決まってきます．長さによって決まる三角形と円とがユークリッド幾何学のもっとも基本的な対象となり，クライン流にいえば長さを変えない変換群――合同変換群――がユークリッド幾何学を支えていたのでした．それならば，微小な長さ ds^2 を与えることによって，何か新しい幾何学――無限小概念を基盤とした幾何学――の誕生があるかもしれません．その幾何学の中での大切な量として全曲率があるということを，ガウスの結果は暗示しているに違いありません．ユークリッド幾何学がベクトル概念を通して高次元へと拡張されたように，この新しい幾何学も“無限小の長さ”だけを頼りとしながら，高次元の世界へと走っていく道を見出していくことになるでしょう．

しかし曲面という，私たちの経験と直観の揺籃の中で大切に育てられてきた幾何学的な対象の中から，曲面を超えてさらに大きなこのような抽象的な場を設定するには天才リーマンの出現を待つ必要がありました．リーマンの思想は深遠であって，その思想の意味するものは20世紀になってはじめて明らかとなったのです．私たちが現在理解している範囲では，このリーマンによって提示された幾何学的世界は，素粒子論の展開する微小な世界から，一般相対性理論の働く広大な宇宙までをおおい，表現することになったのです．

今日は数学的な定式化にはあまり立ち入らず，ガウスからリーマンへの道を追ってみることにします．

ガウス写像

1827年に，ガウスは“曲面の一般的研究”と題する論文を発表した．ガウスはここではじめてはっきりと，曲面上の点を表わすのに2つの変数 u, v を導入して，曲面上の点 (x, y, z) を

$$x = x(u, v), \quad y = y(u, v), \quad z = z(u, v)$$

と表わし，曲面のもつ幾何学的性質を，u, v の関数としての解析的な視点から捉えようとしたのである．

ガウスは曲面の“曲率”というものをどのように測るべきかという問題から出発した．私たちはそのため，たぶんガウスもそうしたように曲線の曲率の概念を見直しておく必要がある．火曜日(43頁)に示したように，曲線 C の点Pにおける曲率 κ は

$$\kappa = \lim_{\Delta s \to 0} \frac{\Delta\theta}{\Delta s} \tag{1}$$

として定義されている．$\Delta\theta$ はPの近くにおける接線のつくる角の変動を表わし，Δs は，Pの近くにおける曲線の長さの変動を表わしている．

Pの近くに点Qをとる．Pにおける接線とQにおける接線とがつくる微小な角 $\Delta\theta$ は，接線を C の外側に(s の大きくなる方向に向けて右側に) 90° 回転しておくと，PとQにおける法線のつくる角 $\Delta\theta$ に等しい．さて，P, Qにおける単位法線ベクトルを通して，曲線 C から原点中心の半径1の円——単位円——の周上への対応をつくることができる．それには，P, Qにおける単位法線ベクトルの始点を原点に移すとよい．このときベクトルの終点は単位円周上の点P′, Q′に移る．この対応P→P′, Q→Q′によって，C から単位円周上への対応が得られるが，このとき曲率の式(1)を改めて見直してみると，右辺の分子に現われる $\Delta\theta$ は円弧 $\widehat{\mathrm{P'Q'}}$ の弧長と

なっている．したがって

$$\kappa = \lim_{Q \to P} \frac{\widehat{P'Q'} \text{の弧長の長さ}}{PQ \text{の曲線の長さ}} \tag{2}$$

となる．すなわち，法線ベクトルを通して，曲率は円周と曲線の“長さ”の比較として得られるのである．なお，曲線 C 上の点 P をこのようにして単位円周上の点 P′ へ対応させる対応を，**ガウス写像**という．

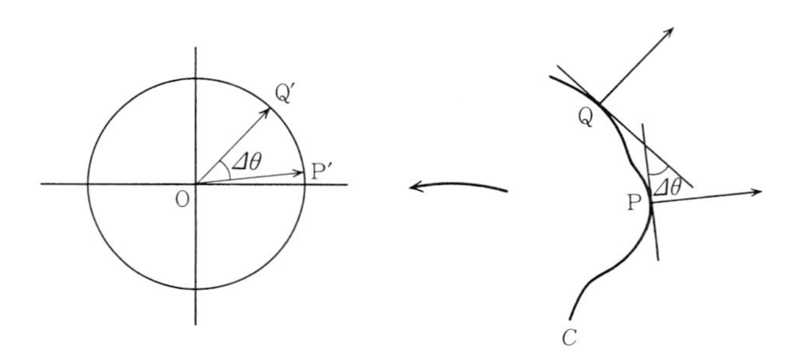

ガウスは，曲面の“曲率”を求めることを，(2)の式を注視することから出発した．曲線は1次元であり，曲面は2次元の数学的対象である．したがって曲線の“長さ”に対応する概念は，曲面では“面積”となってくるだろう．また単位円周に対応する概念は，3次元座標空間 $\boldsymbol{R}^3$ の中の単位球面 $x^2+y^2+z^2=1$ にかわってくるだろう．曲面 S 上の各点 P における外向きの単位法線ベクトルを $\boldsymbol{\nu}$ とする．このときベクトル $\boldsymbol{\nu}$ の始点 P を原点に移すことにより，その終点は単位球面上の1点 P′ を指定することになる．このようにして曲面の場合も，曲面 S から単位球面への写像

$$\boldsymbol{\nu} : P \longrightarrow P'$$

が自然に定義される．$\boldsymbol{\nu}$ を曲面 S 上で定義された**ガウス写像**という．

曲面上の点 P を1つとる．P の近くに点 Q, R をとると，曲面上に △PQR が描かれる．対応してガウス写像を通して，球面上にも △P′Q′R′ が描かれる．このとき，曲面 S の点 P における“曲率”を，(2)の“曲面版”として

$$\tilde{K} = \lim_{\triangle PQR \to P} \frac{\triangle P'Q'R' \text{の面積}}{\triangle PQR \text{の面積}} \tag{3}$$

と定義することは，ごく自然なこととなってくるだろう．

だが，このような定義で曲面の曲がり方の度合が本当に測れるのだろうかという疑問があるかもしれない．このような疑問に対しては，直観的に説明するしかないのだけれど，下の図を見ると，曲面の曲がり方が大きくなってくると，ガウス写像で移される部分が相対的に大きくなって，(3)の分子の値が，したがって $\tilde{K}$ の値が大きくなっていく様子がうかがえる．(なお，ここで面積とは，三角形の向きにしたがって正負の符号をつけた面積である．)

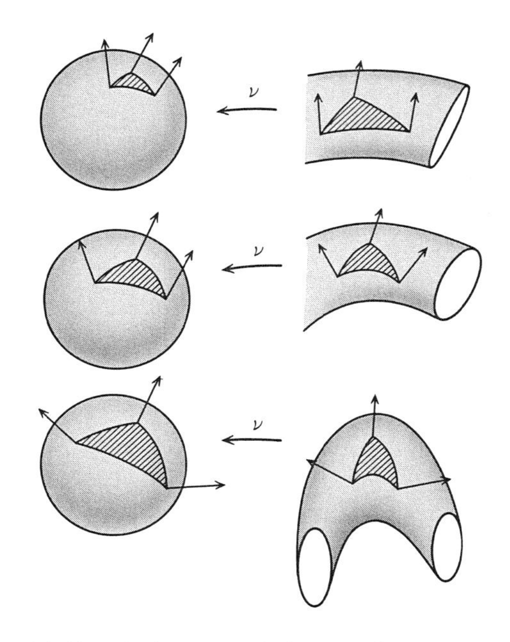

このいわば素朴な定義(3)を，解析的に厳密なものにするためには，克服しなければならない多くの問題が残されている．このような点Pのまわりの曲面上の微小な三角形(四辺形でもよいが)の面積をどのように求めるのか，またガウス写像が1対1でないようなとき，球面上の $\triangle \mathrm{P'Q'R'}$ の面積とは，一体，何を意味しているのか，また極限移行をどのように行なっていくのか，極限値は実際存在しているのか，存在しているとすれば，それはどのような式によって表わされるのか等々．

これらは，現代の微分幾何の教科書の中では整備された理論形式の中で坦々とした道を歩むように議論が進められ，その過程を通して(3)の厳密な定義と，$\tilde{K}$ を表わす式が求められるということになっている．その道はしかし決して短くないので，ここではそれを述べることは省略することにして，ガウスの論文の大筋だけを追うことにする．

ガウスの曲面論

ガウスは微小量を表わす記号 du, dv などを，何のためらいもなく用い，それを用いて計算していく．ガウスはまず曲面上の微小な長さ ds の 2 乗は，“第 1 基本形式”

$$ds^2 = Edu^2 + 2Fdudv + Gdv^2$$

という関係で与えられるとする．次に曲面上の点 (x, y, z) に，ガウス写像によって対応する球面上の点を (X, Y, Z) と表わした．そして曲面は $z = f(x, y)$ として表わされるとして，曲面上の 3 点

$$(x, y, f(x, y)),\ (x+dx,\ y+dy,\ f(x+dx,\ y+dy)),$$

$$(x+\delta x,\ y+\delta y,\ f(x+\delta x,\ y+\delta y))$$

のつくる微小三角形の(符号のついた)面積を，ガウス写像によって移る球面上の微小三角形の(符号のついた)面積と比較することを考える．このときこの面積の比は，互いに平行な接平面へ射影した面積比に等しく，したがってまた xy-平面へ射影した図形の面積の比に等しいから，ガウスは(3)を，微小量の比

$$\frac{dY\delta X - dX\delta Y}{dy\delta x - dx\delta y}$$

を曲面のパラメータ u, v を用いて計算することに帰着させたのである．なお，X, Y, Z は水曜日に述べた単位法線ベクトル $\boldsymbol{n}$ の成分であることを注意しておこう．この計算の途中で第 2 基本形式を

$$-(dxdX + dydY + dzdZ) = edu^2 + 2fdudv + gdv^2$$

の形で導入した．(ガウスは e, f, g を D, D', D'' と表わした．)

このようにしてガウスの得た結果は，(3)の $\tilde{K}$ は第 1, 第 2 基本形式の係数によって

$$\tilde{K} = \frac{eg-f^2}{EG-F^2} \tag{4}$$

と表わされるということであった(ガウスの論文の概要と，ガウスのアイディアにしたがう(4)の現代的な証明は前に述べたSpivakの本(66頁参照)にある).

ガウスはこの曲率 $\tilde{K}$ を，水曜日に述べた全曲率と比べて次の定理を得た.

定理　(4)の $\tilde{K}$ は，曲面の全曲率 K に等しい.

すなわち $K=\tilde{K}$ が成り立つ．同じことであるが法截面による切り口の曲率の最大値を κ_1，最小値を κ_2 とすると，

$$\kappa_1\kappa_2 = \frac{eg-f^2}{EG-F^2}$$

が成り立つのである．全曲率をガウス曲率ともよぶことは，この事実によっている．このこと自身がすでに驚くべき結果であったが，ガウスは全曲率 K の中に隠されていたさらに深い性質を明らかにしたのである．それはガウスの論文の20頁に述べられている内容である．それをこれから説明しよう．

ガウスは計算の達人であった．数式の計算についても卓抜した力をもっていた．ガウスはさらに全曲率 K は次のような長い数式で表わされる関係式をみたしていることを証明したのである．

$$\begin{aligned}4(EG-F^2)^2K &= E\left[\frac{\partial E}{\partial v}\frac{\partial G}{\partial v}-2\frac{\partial F}{\partial u}\frac{\partial G}{\partial v}+\left(\frac{\partial G}{\partial u}\right)^2\right]\\ &+F\left[\frac{\partial E}{\partial u}\frac{\partial G}{\partial v}-\frac{\partial E}{\partial v}\frac{\partial G}{\partial u}-2\frac{\partial E}{\partial v}\frac{\partial F}{\partial v}-2\frac{\partial F}{\partial u}\frac{\partial G}{\partial u}+4\frac{\partial F}{\partial u}\frac{\partial F}{\partial v}\right]\\ &+G\left[\frac{\partial E}{\partial u}\frac{\partial G}{\partial u}-2\frac{\partial E}{\partial u}\frac{\partial F}{\partial v}+\left(\frac{\partial E}{\partial v}\right)^2\right]\\ &-2(EG-F^2)\left[\frac{\partial^2 E}{\partial v^2}-2\frac{\partial^2 F}{\partial u\partial v}+\frac{\partial^2 G}{\partial u^2}\right]\end{aligned} \tag{5}$$

この等式の両辺を $4(EG-F^2)^2$ で割ると，全曲率 K は，E,F,G だけの式によって表わされることがわかる．(4)の表示の中に現われていた第2基本形式からくる量 e,f,g は不思議なことにここでは

消えてしまったのである．一方，E, F, G は第1基本形式

$$ds^2 = Edu^2+2Fdudv+Gdv^2$$

から現われたものである．E, F, G は曲面上の長さによって完全に決まる．

ガウスはここから，それ以後の微分幾何学の発展に大きく道を拓くことになった次の定理を導いたのである．

定理（ガウスの原文の直訳）　もし1つの曲面があるほかの曲面に展開(develop)されるならば，各点で曲率の大きさは変わらない．

この定理はガウスによって，ラテン語で Theorema egregium(a most excellent theorem)と記されたものである．この定理のいっていることは次のようなことである．いま2つの曲面 S, S' と，S から S' の上への1対1の連続写像 φ があって，φ は S 上の滑らかな曲線を S' 上の滑らかな曲線に移しているとする．このとき，S 上の2点 P, Q を結ぶ曲線 $c=c(t)$ $(c(0)=\mathrm{P},\ c(1)=\mathrm{Q})$ があると，$\varphi\circ c=\varphi(c(t))$ は $\varphi(\mathrm{P})$ と $\varphi(\mathrm{Q})$ を結ぶ S' 上の曲線となる．この曲線の長さがつねに等しいとき，ガウスは S は S' に展開されるといったのである．いまならば S から S' への等長写像があるというのがふつうである．このときに S, S' の第1基本形式をそれぞれ

$$ds^2 = Edu^2+2Fdudv+Gdv^2 \tag{6}$$

$$d\tilde{s}^2 = \tilde{E}d\tilde{u}^2+2\tilde{F}d\tilde{u}d\tilde{v}+\tilde{G}d\tilde{v}^2 \tag{7}$$

とすると，S と S' との対応 φ を

$$u = u(\tilde{u}, \tilde{v}), \qquad v = v(\tilde{u}, \tilde{v}) \tag{8}$$

と表わしたとき，(8)を(6)に代入すると，(7)になる．このことから，S の点 P が φ によって S' の点 P′ に移るときには，P と P′ における全曲率の値 $K(\mathrm{P}), K(\mathrm{P}')$ は等しいということが結論されるのである．これが Theorema egregium に述べられていることである．

あるいはこの定理の内容は，伸縮することなく曲面を広げたり，折り曲げたりする限り，全曲率は変わらないといった方がわかりや

すいかもしれない．

空間の中の曲面から無限小の長さをもつ曲面へ

このガウスの定理が指し示した方向については，“先生の話”の中でも述べてあるが，簡単にいうと次のようなものである．もし微小な長さを測るスケールが

$$ds^2 = Edu^2+2Fdudv+Gdv^2 \tag{9}$$

で与えられるような，1つの幾何学的な場があるならば，それは日常，眼にしている曲面のような具体的な形をとらなくとも，すでに幾何学を展開する豊かな数学的対象となるのではないか．この幾何学の基本となるのは，無限小の長さである．無限小の長さを測る規準が与えられていれば，それは積分概念を通すことによって，遠く離れた2点を結ぶ曲線の長さを与えるに違いない．2点を結ぶ曲線の中で最短の長さをもつものを考えれば，それはユークリッド幾何学での“線分”のような役目をすることになるだろう．実際この性質をもつ曲線は測地線とよばれているものである(球面の測地線は大円に沿っている)．

このような幾何学では，曲面としての表象は消えるだろうが，それでもたとえば(9)で，E が大きく，F, G が小さければ，du 方向に進むと，長さが大きく変わるから，uv-平面から見れば，du 方向に面が大きく歪曲しているような気がしてくる．各点での微小な長さの測り方が変化する様子は，何か各点での“曲がり方”の変化を暗示しているようである．E, F, G によって決められる全曲率——ガウス曲率！——は，このような“曲がり方”を示す量となるのではないだろうか．

ガウスの定理は，幾何学の基本にある長さの概念をじっと見据えながら，その視線の方向を無限小へと向けさせることになったのである．無限小で働く数学的な方法は微分であり，その成果を大局的な形で表現するのは積分である．ここに微分と積分とが場の構造に本質的に繰りこまれた，まったく新しい幾何学——微分幾何学——

が誕生することになったのである．

非ユークリッド幾何のモデルを与える曲面

いま述べたような，空間 $\boldsymbol{R}^3$ の中の曲面としては実現されないが，微小な長さを測るスケールは与えられているような，抽象的ともいえる曲面の例を2つ与えておこう．これらはいずれも，平面のように境界がないという意味では，“開いた曲面”となっている．

（I）uv-平面の単位円の内部

$$U = \{(u, v) \mid u^2+v^2<1\}$$

に

$$ds^2 = 4\frac{du^2+dv^2}{\{1-(u^2+v^2)\}^2} \tag{10}$$

という“距離”を与えておく．第1基本形式の記号で書くと

$$E = G = \frac{4}{\{1-(u^2+v^2)\}^2}, \quad F = 0$$

である．この長さにしたがって，U 内の2点 P, Q を結ぶ曲線で最短のもの——P, Q を結ぶ“線分”——を求めてみると，それは P, Q を通って単位円周と直交する円弧（または直径）の上にある．したがって，この“幾何学”での直線は単位円周と直交する円弧である．

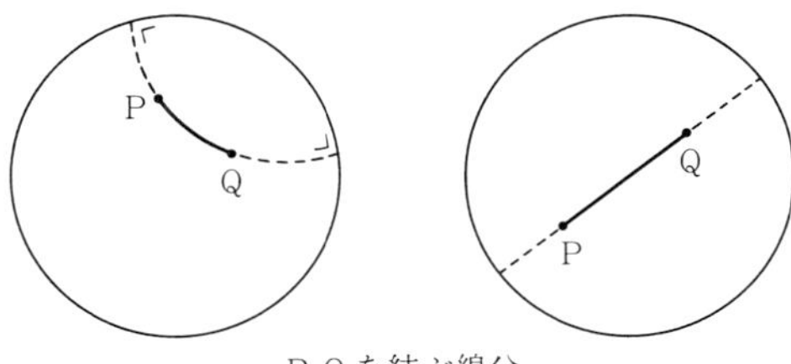

P, Q を結ぶ線分

この幾何学における線分と直線はこのようなものであると認めたとき，△PQR の内角の和はつねに π より小さくなる．また2点 P, Q を通る直線 L 上にない1点 R をとったとき，R を通って L に交わらない直線——R を通る L の平行線——は無限に多く存在する．

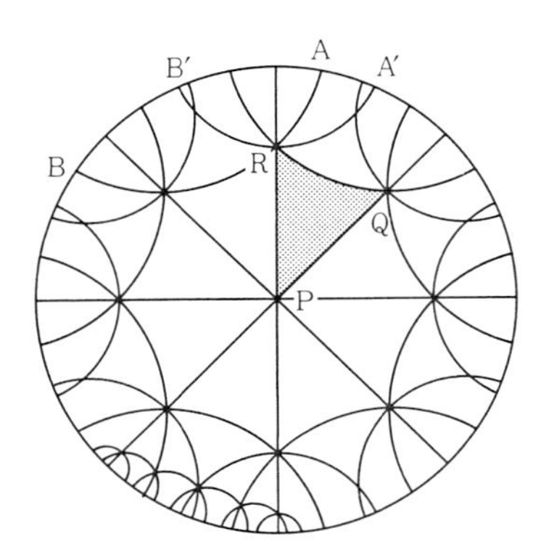

AB, A′B′ は R を通って PQ に平行な直線となっている

(10)を第1基本形式と思って，(5)にしたがって全曲率を計算してみると，各点で $K=-1$ となっている．すなわち，この“曲面”は負の定曲率曲面を実現したものと考えられるのである．

（Ⅱ） 座標平面の上半平面といってもよいのだが，ふつうは複素平面の上半面を考えるといって

$$H = \{z=x+iy \mid y>0\}$$

と書く．ここに“距離”を

$$ds^2 = \frac{dx^2+dy^2}{y^2}$$

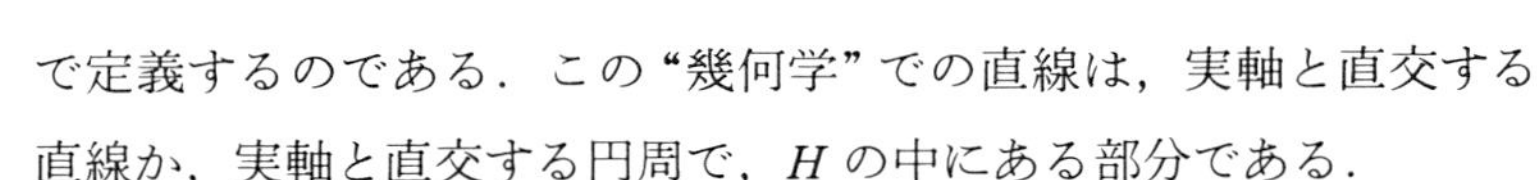

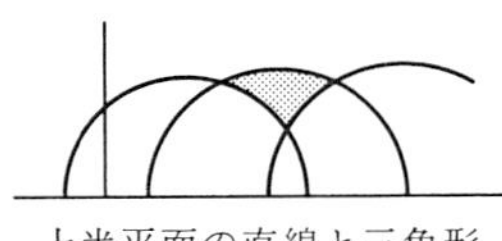

上半平面の直線と三角形

で定義するのである．この“幾何学”での直線は，実軸と直交する直線か，実軸と直交する円周で，H の中にある部分である．

この全曲率を計算してみると，やはり負の定曲率であって $K=-1$ となっている(問題[3]参照)．

この例で示した U と H は実は等長写像で移り合っているのである．この等長写像は，U を複素平面の単位円の内部とみて

$$w = u+iv, \quad |w|<1$$

と考えたとき

$$\begin{array}{ccc} w & \longrightarrow & z = i\dfrac{1-w}{1+w} \\ \Cap & & \Cap \\ U & & H \end{array}$$

で与えられる．この逆写像は

$$\begin{array}{ccc} w = \dfrac{i-z}{i+z} & \longleftarrow & z \\ \Cap & & \Cap \\ U & & H \end{array}$$

となっている．

したがって，“長さ”ds に基づく幾何学としては，U の上でその幾何学を展開しても，H の上でその幾何学を展開しても同じものである．根底には1つの抽象的な幾何学の体系があり，それを表現するときに U 上で見るか，H 上で見るかという，モデルの選択があると考えた方がよいようである．この根底にある幾何学の体系こそ，ボリヤイとロバチェフスキーの発見になるといわれている非ユークリッド幾何学である．非ユークリッド幾何学が明確な形で数学の中に現われてきたのは1830年前後のことであったが，ガウスの曲面論や非ユークリッド幾何に見られる新しい思潮は，リーマンによって的確に捉えられ，驚くべき高さにまで上げられたのである．

リーマンの講師就任試験講演

1854年6月10日，ゲッチンゲン大学哲学部で行なった講師就任試験講演で，当時27歳であったベルンハルト・リーマンが行なった講演「幾何学の基礎をなす仮説について」は全体がそれまでの数学になかったような深遠な思想に包まれていた．リーマンはそれを澄んだ眼をした静かな予言者のように語ったのであろう．ここに盛られた思想は，単に微分幾何学を大きく育てることになっただけではなく，やがて20世紀になってアインシュタインが登場すると，一般相対性理論の思想と重なって，幾何学を世界像の形成そのものと深く結びつけるようになった．

♣　リーマンのこの就任試験講演を通して，Habilitationsvortrag とよばれるこのドイツの大学制度はよく知られるようになったが，ここでついでに19世紀のドイツの大学で行なわれた大学講師就任の制度について解説しておこう．ドイツの大学では工科大学を卒業したものより，大学教育を完全に終了したものを大学教員として採用したいという希望が強かった．

大学に学位論文を提出したのち，大学講師の職を目指すのである．そのため大学評議会に講師就任論文 Habilitationsschrift を提出する．この内容は専門の分野に関する短い講義のシリーズの形をとって著わされた．そのほかにさらに大学評議会で選ばれたテーマに関し，Habilitationsvortrag として，講演しなくてはならない．（リーマンがこのために提出した3つのテーマのうち最初の2つは電磁気学に関するものであったが，予想に反し，ガウスは3番目のテーマを採り上げたのである．それが「幾何学の基礎をなす仮説について」であった．）この講演のあとで，すべてがよしとされたあとに大学講師として大学で教えることが許されたのである．といっても大学講師は無給であって，講義に出席した学生からの授業料が収入源であった．また講師の期間も不定であった．助教授のポストがあくと講師は助教授へ昇進できたが，このときには何のテストもなかった．この上に教授という最高のポストがあった．教授と助教授とでは，社会的地位も給与も雲泥の差があったのである．

リーマンの思想は，リーマン自身によって語ってもらうのが一番よいと思われるので，ここでリーマンの講演の冒頭の“研究の方針”と題する章をそのまま訳出してみよう．

“よく知られているように，幾何学では，空間において幾何学を構成するための基礎とおくべきものを仮定すると同様に，空間の概念も前もって仮定している．それらには単に言葉だけの定義が与えられているが，その本質的な規定は公理の形をとって現われるのである．だが，これらのあらかじめ仮定したものの間の関係は実は不明のままである．私たちはそれらの間の結びつきが必要なものなのかどうか，またどの程度まで必要なものかどうかも，またそのような結びつけは先験的に可能なものかどうかさえも知らない．

ユークリッドから近代の有名な幾何学の改革者たち，たとえばルジャンドルに至るまで，この問題にかかわった多くの数学者や哲学者たちによっても，この不明瞭さが晴らされるということは決してなかったのである．このことの原因は疑いもなく，多重に広がったものの集合*)——その中には空間の点の集合も含まれるが——という一般概念が，まったく研究されないままでいたということによっている．そこで私は多重に広がった集合の概念を，一般的な集合の概念からまず構成してみることからはじめてみることにした．多重に広がった集合の中にはいろいろな距離の関係を導入することができる．したがって，私たちがいるこの空間も，3 重に広がった集合の特別な場合にすぎないともいえるのである．しかしこのことからの必然的な結論として，幾何学の定理は集合の一般的な概念からは演繹されないこと，そして私たちのこの空間を，さまざまな可能性のある 3 重に広がった集合の中から特定することができるというのは，単に経験によっているにすぎないということが導かれる．したがって空間の距離関係を決定するためのもっとも簡単な基礎データを求める問題が生じてくる．しかし問題の性質上，このデータを決定することはできないのである．なぜなら，空間の距離関係を決定するに足る十分な簡単なデータの組がいくつも存在するからである．これらのデータは，すべてのデータがそうであるように，論理的に何らかの必然性をもつというものではなくて，単に経験上の確実さから得られるものである．したがってそれらはすべて仮説にすぎない．観察の範囲内では非常に確からしさを示すこれらのデータの可能な範囲を研究することはできる．このあとで，測れないほど大きな対象へ向けて，また測れないほど微小な対象へ向けて，観察の範囲をはるかに超えたところまで，それらを拡張していくことができるのかどうかを検討していくことになる．”

このリーマンの“研究の方針”は，このあとに引き続いて話されていく広く深い思想を簡潔にまとめたものだけに，これだけ読んだだけでは内容を理解しにくいところもある．少しだけ解説しておくことにしよう．

---

*）このドイツ語は die mehrfach ausgedehnte Größe である．Größe を“量”とか“もの”と訳すと少し意味が伝わりにくいので，リーマンの時代にはまだ集合概念はなかったのだけれど，ここでは思いきって現代的に“集合”と訳してみた．

非ユークリッド幾何は，1830年代になってやっと数学の中で市民権を得ることができるようになった．ガウスはずっと以前から非ユークリッド幾何のことを考えていたというが，ついに発表することはなかった．世間から嘲けられるのを恐れていたからという．ユークリッド幾何は学問の権威と伝統の中心にあった．ギリシャ，中世神学を経て，近世ヨーロッパの学問は形成されてきたが，その中にあってユークリッド幾何学は，私たちのもつ空間の先験的な認識の形を表わしたものであるという考えが深く根を下ろしていたのである．ユークリッド幾何学を否定することは，時空の認識の枠組みを根幹から揺り動かすことを意味していた．非ユークリッド幾何学が誕生してからわずか20年後に，リーマンが，幾何学を成立させるものは現実の空間から抽象されて公理として取り出されたものであり，それらはすべて仮説であるといいきったことは，驚くべきことである．

n 重に広がったものの集合とは，n 次元空間のことを指している．n 次元へ向けての数学の動きは，1840年代からはじまっていた．1843年に出版された『多次元の解析幾何』という著書の中で，ケーリーははじめて n 次元幾何という言葉を使ったが，取り扱われていたのは斉次の1次連立方程式とそれを射影空間内の平面と考えるというような，代数的な事柄であった．1844年にグラスマンが『広延論』(第4週21頁参照)を著わしたが，その中で高次元への空間概念の拡張が述べられている．この本の中でグラスマンは“幾何学はあるところ以上はもう進めないが，抽象科学には限界はない”と述べている(ここでいう幾何学は，もちろん直観に支えられた古典幾何学である)．幾何学は抽象性を得ようとしていた．時代の波は急速に動きはじめていたのである．

しかし，一般の n 次元の空間を，3次元までの空間と同様のレベルで幾何学の対象と考えようとしたのは，たぶんこのリーマンの講演が最初ではないかと思う．空間の直観形式を拠り所としていた古典幾何学は，リーマンの講演によってその枠組みが取りはずされ，“抽象科学”としての果てしないほど広大な世界を対象とするようになったのである．

リーマンはこの講演で，“n 重に広がったもの”の中に連続性の考えが含まれていることを明確に述べながらその概念を説明し，そのあとでこの“n 重に広がったもの”の中に幾何学的量をどのように導入すべきかを問題とした．そしてリーマンは，線素の長さの2乗 ds^2 が，独立変数 $dx_1, dx_2, \cdots, dx_n$ によって，正定値の2次形式

$$ds^2 = \sum_{i,j=1}^{n} g_{ij} dx_i dx_j \qquad (g_{ij} = g_{ji})$$

として表わされる幾何学を考える意義と重要さを説明し，そしてここにガウスが Theorema eregium で明らかにした，伸縮しない歪曲では変わらないような曲率の概念を，いかに一般的な立場で導入するかという考えを示唆した．さらに物理空間との関連性にも言及している．

ここに述べられた数学的な方向にしたがって，やがてリッチとレヴィ・チヴィタが絶対微分学という方法に立ちながら，リーマン幾何学を建設していくことになるが，それは1890年以降のことである．なおリーマンのこの数学史上記念すべき講演がデデキントとウェーバーによって公刊されたのは，やっと1876年になってからのことであった．

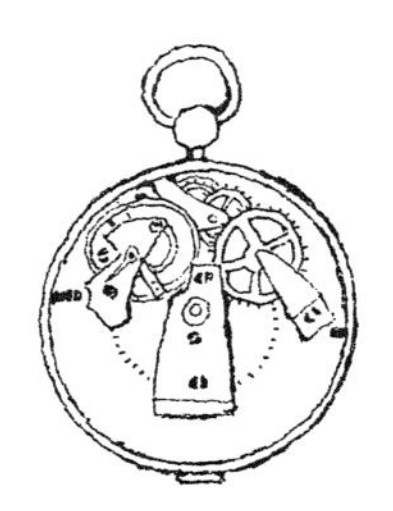

歴史の潮騒

ここではリーマンの生涯について述べてみることにしよう．

リーマン(Georg Friedrich Bernhard Riemann)は，1826年9月7日ハノーバー公国のダンネンベルク市の近くのブレセレンツという村で生まれた．父親はルター派の牧師で，1812年から1814年の間のナポレオンとの戦いに副官として従軍していた．リーマンは第2子として誕生した．リーマンは病弱で内気な子供であった．病気と若死は，リーマンがつねに心の安らぎを得ていた彼の家族の全員を襲ったのである．母親はリーマンが20歳のとき亡くなった．また6人きょうだいのうちの4人は非常に若いときにこの世を去った．

5歳のときに，リーマンは歴史，とくにポーランドの歴史に興味をもった．やがて家族はリーマンの計算に対する驚くべき才能に気づくようになり，6歳のときには父親の指導の下で算術の問題を解くようになった．10歳になって先生についたが，すぐに先生を追い越してしまった．14歳になってハノーバーのギムナジウムの3年次に入学し，2年後リューネブルク市のギムナジウムに移り，19歳までそこで学んだ．リーマンはヘブライ語と神学のような古典的なカリキュラムを真面目に勉強したが，ここではそれほど目立った生徒ではなかった．

ギムナジウムの校長であったシュマルフスはこの生徒の数学的才能を知り，彼のライブラリーを使ってもよいことにしたが，リーマンはここでルジャンドルの900頁近い数論の本をわずか6日間で読破してしまったという．

1846年，父の希望にしたがってゲッチンゲン大学の神学部に入学した．しかし数学への思いは強く，父に頼んで哲学部に移ることを認めてもらった．当時，哲学部には，地磁気の研究で有名な天文学者ゴールドシュミット(1807～1851)，数値解析と定積分を教えていた数学者シュターンと，天文台長でもあった“数学の帝王”とよばれたガウス(1777～1855)がいた．ガウスはこのとき最小2乗法のコースをもっていたが，ガウスの極端なまでの非社交的な性格から，リーマンがこのときガウスと個人的に接する機会があったかどうかは疑わしい．シュターンはリーマンの才能に注目していたが，のちにこの頃のこと思い出し，“リーマンはすでにカナリヤのように歌っていた”といっていた．数学に没頭し，そこに喜びを見出している若き日のリーマンの姿が思い浮かばれる．

1年間ゲッチンゲンで学んだ後，リーマンはベルリンへ移った．当時ベルリン大学では，ヤコビ(1804～1851)，シュタイナー(1796～1863)，ディリクレ(1805～1859)，アイゼンシュタイン(1823～1852)という錚々たる数学者が教えていた．ベルリン大学は学長フンボルトのモットー **Lehrfreiheit**，**Lernfreiheit**(教えることも自由，学ぶことも自由)にしたがって，新しいいきいきとした大学の姿が生まれてきていた．教授は自分の選んだコースを教えることができ，学生は自分が興味ある講義をとることができた．

ここでの2年間はリーマンのそれからの研究活動にとってもっとも重要な時期であった．リーマンはアイゼンシュタインと友人になり，楕円関数の研究に複素数を導入することについて議論していた．またリーマンはディリクレの講義から強い影響を受けた．このことについてクラインは彼の『19世紀数学史講義』の中で次のように述べている．

“リーマンは自分の思索の仕方に似ているディリクレに強い内的共感を覚えて彼に傾倒した．ディリクレは直観をよりよく働かせようとするかのように，自分自身に対して物事を明らかにすることを好んでいた．この志向にしたがって，ディリクレは基本的な問題に対しては，鋭く論理的に迫ったが，できるだけ長い計算を避けようとした．このやり方はリーマンにもふさわしかったのである．そして彼はディリクレの方法にならって研究した．”

1849年にゲッチンゲンへもどり，ここで電磁気学の大家であり，ガウスと古くから親交のあったウェーバーの講義を聴講した．ウェーバーは非常に温和な人柄であった．リーマンはウェーバーのもとで1年半以上も実験助手として働いた．リーマンの物理学に対する関心は，このときのウェーバーによる影響が大きかったのだろう．

1850年に，ウェーバー，リスティング，シュターン，ウルリッヒの企画で，数理物理学のセミナーがゲッチンゲンで開かれ，リーマンも出席した．このセミナーはバラエティーに豊んだものであって，物理，数学だけでなくて哲学まで含まれていた．リーマンはこのときからヘルバルト(1776～1841)の哲学に関心をもつようになった．ヘルバルトの考えにしたがってリーマンは科学の仕事は正確な概念によって，自然を論理的に理解し，説明することであると感ずるようになった．

1850年のゲッチンゲンにおけるリーマンの純粋数学への興味は

複素変数の関数に集中していた．リーマンはベルリンの2年間で解析学について十分な研さんを積んでゲッチンゲンにもどってきたが，ゲッチンゲンには新しい幾何学の方向——トポロジー——が台頭する雰囲気にあった．1848年にゲッチンゲン大学の教授であったリスティングが『トポロジー入門』(Vorstudien zur Topologie)を著わしたが，これはトポロジーと名のつく世界最初の出版物になった．リスティングの研究はガウスの影響を受けていた．もちろんリーマンはリスティングと親交があった．

このような背景の中で，1851年11月の末に，リーマンの学位論文『複素数の関数の一般理論』が提出された．ここにはガウスの思想を受け継いで，トポロジー的な視点が取り入れられていたが，この論文の中には複素関数論が幾何学的な視点を得ながらやがて豊かな土壌へと育つことを示唆するような多くのことが含まれていたのである．有名な“ディリクレの原理”もこの論文の中に記されている．

その後2年間，さまざまな分野の研究に没頭したあとに1853年に講師就任論文『三角級数による関数の表現可能性について』を発表した(第3週参照)．そして1年後に前に述べた講師就任試験講演を行なったのであった．ガウスに感銘を与えたこの講演のあと，1854年10月になって講師となり，大学で教えることができるようになった．1857年に『アーベル関数の理論』をクレルレ誌上に発表することにより，リーマンの名声は一躍広まったのである．

1859年6月にリーマンはゲッチンゲン大学の正教授となった．同じ年の8月にリーマンはベルリン科学アカデミーの数理物理学部門の会員に選ばれた．1859年7月4日にアカデミー会員への推挙にあたり，ワイエルシュトラスは，次のように述べてリーマンを推したのである．

“ごく最近の業績『アーベル関数の理論』が発表されるまでリーマン氏はほとんど無名の数学者でした．この事情により，私たちの推薦の理由となった氏の業績をさらに一層詳しく調べる必要があるかもしれないということを御了承下さい．アカデミーが会員の方々に注意を喚起して頂きたいと私たちが望んでおりますことは，私たちは将来に大きな期待が寄せられている若い優秀な人を推したということではなく，私たちの学門分野で重要な進歩をもたらしてきた氏を，すでに十分熟達し独立した研究者として推薦したということです.”

このときリーマンは32歳，ワイエルシュトラスは44歳であった．アカデミー会員に新しく選ばれたとき，果たさなければならない1つの義務がアカデミー憲章で決められていた．それは最近の研究のレポートを提出することであった．リーマンはこれに対し，素数分布の研究をテーマに選び，論文『与えられた大きさより小さい素数の個数について』を送った．この論文の中に，このあと150年間，多くの数学者が挑戦し続け，いまなお未解決となっている現代数学における最大の問題――ゼータ関数の零点に関するリーマン予想――が述べられていたのである．

リーマンは1862年7月結婚した．この結婚は彼の残された生涯の何年かを明るくするものであった．しかしこの年の秋，激しい風邪を引き，その後結核にかかったのである．リーマンは晩年の多くを保養のためイタリーで過した．1866年7月20日リーマンは世を去った．39歳であった．リーマンの墓碑銘には次の文章が刻まれている． Denen die Gott lieben müssen alle Dinge zum Besten dienen.（神を愛するものにはなべてのこと成就せん）

先生との対話

先生がリーマンの写真を持ってこられて

「リーマンの写真を回しますから，皆さん一度見ておくとよいでしょう．」

といわれて，最前列に座っている人に写真を手渡された．皆はリーマンの講演や彼の生涯の話を聞いて，リーマンの天才に感銘を受け

ていたので，順番に回されてくる写真にじっと見入っていた．それを教壇の上から見ながら，先生は深い思いをこめて述べられた．

「先生はこの写真が好きなのです．静かで深いこのリーマンの顔をいまでもときどき思い出すことがあります．この写真を眺めていると，リーマンが，歴史の中を流れて行く数学の運命とでもいうべきものをじっと見つめている宗教家のような感じさえしてくるのです．リーマンは本当に何を見ていたのでしょうかね．」

「リーマンのお父さんは牧師だったよね」「オイラーのお父さんも牧師だったよ」などという話し声が聞えてきた．

しばらくして明子さんが

「オイラー，ガウス，リーマンと100年近い数学の流れを振り返ってみますと，曲面というはっきりした形からしだいにその中にある数学の形式が取り出され，最後には曲面は完全に消えて，夢のような形で“n 重に広がったもの”が浮かび上がってきたことに，何か独特なものを感じます．それは数学の1つの育っていく姿を表わしているのかもしれませんが，先週まで学んできた解析学や代数学とは何か異質なものを感じます．このことについて先生はどのようにお考えになりますか．」

と質問した．先生は窓ぎわに行かれて白く漂う雲の行方を追いながらじっと考えておられたが，やがてゆっくりとした口調で話し出された．

「そうですね．明子さんに答えることになるかどうかわかりませんが，幾何学は私たちの空間の認識と深く結びついて発達してきました．空間とは何かということについてはアリストテレスからカント，ヘーゲルを経て今にいたるまで，存在と認識の問題として，哲学的にもずっと考察されてきました．曲面の幾何学から，“n 重に広がったもの”への飛躍は，天才リーマンの直覚によって捉えられた空間——世界像——の幾何学的な表象だったのでしょうが，一般の数学者，物理学者がそれに納得したのは，アインシュタインの一般相対性理論が発表されてからでした．リーマンとアインシュタインという2人の天才によって，20世紀は幾何学によって描かれた物理的世界像をかちとることになるのです．幾何学の発展の中には，つねに何か思想史的な背景を含んでいるようです．この背景は奥深いものなのでしょう．私たちが高次元の幾何学を考えるときでも，その数学の形式の中に空間の表象を感じとっていますが，それはきっとこの深みからくるものに違いありません．

しかし，このような思想史的な背景を，数学書の中に書かれているような代数学や解析学の叙述の中に見出すことはむずかしいようです．そこではすでに完全に抽象化された数と記号が展開しており，新しく得られた概念は抽象化された世界内部での構造として組みこまれ，歴史を離れて認識されるのがふつうだからです．」

山田君が質問した．

「この前本屋さんへ行って，“微分幾何学”という本を手にとって開いてみたら，g_{ij} のような記号がいっぱいでていました．この小さい添字で書かれた i,j とは何ですか．」

「それはテンソル記号とよばれているものです．それをここで説明するわけにはいきませんが，どんなものかだけを少しお話ししておきましょう．曲面の場合，第1基本形式を $ds^2=Edu^2+2Fdudv+Gdv^2$ と表わしましたが，ここで，E,F,G を

$$E=g_{11},\quad F=g_{12}=g_{21},\quad G=g_{22}$$

と書き直し，また $du=dx^1$，$dv=dx^2$ とおくと，

$$ds^2=\sum_{i,j=1}^{2}g_{ij}dx^i dx^j$$

となります．ここで下についている添字 i,j と上についている同じ添字 i,j は加えることにするという約束——アインシュタインの規約——をすると，$\sum$ はいらなくなって

$$ds^2=g_{ij}dx^i dx^j$$

となります．いま，曲面上の点Pに (x^1,x^2) という局所座標と $(\bar{x}^1,\bar{x}^2)$ という局所座標が入っていたとしますと，どちらの局所座標を使うかによって，第1基本形式はこのアインシュタインの規約にしたがって

$$ds^2=g_{ij}dx^i dx^j=\bar{g}_{st}d\bar{x}^s d\bar{x}^t$$

と2通りに表わされます．このとき

$$\bar{g}_{st} = \sum_{i,j=1}^{2} \frac{\partial x^i}{\partial \bar{x}^s} \frac{\partial x^j}{\partial \bar{x}^t} g_{ij}$$

$(x^i = x^i(\bar{x}^1, \bar{x}^2)\ (i=1,2))$ という変換則が成り立ちますが，これもアインシュタインの規約にしたがって簡単に

$$\bar{g}_{st} = \frac{\partial x^i}{\partial \bar{x}^s} \frac{\partial x^j}{\partial \bar{x}^t} g_{ij}$$

と書けます．このような変換則をみたすものを一般にテンソルというのです．テンソルのこのような記法には，なれるのに少し時間がかかるかもしれませんが，なれると便利なものなのです．」

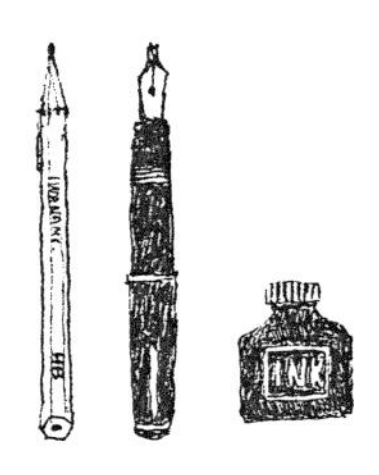

問　　題

［1］(1)　半径 a の直円柱は

$$x = a\cos u, \quad y = a\sin u, \quad z = v$$

と表わされることを示しなさい．

(2)　この直円柱の第1基本形式は

$$a^2(du^2 + dv^2)$$

であることを示しなさい．

(3)　$\bar{u}\bar{v}$-平面上に帯状領域

$$0 \leqq \bar{u} < 2\pi a, \quad -\infty < \bar{v} < +\infty$$

を考えると，対応

$$\bar{u} = au, \quad \bar{v} = av$$

は，(1)の円柱とこの帯状領域との間の長さを保つ対応となっていることを示しなさい．

［2］　水曜日の問題［3］の結果を使って，ドーナツ面

$$x = (R + r\cos u)\cos v, \quad y = (R + r\cos u)\sin v, \quad z = r\sin u$$

の全曲率が

$$K = \frac{\cos u}{r(R + r\cos u)}$$

で与えられることを示しなさい．またドーナツ面上で $K > 0$ の場所と

$K<0$ の場所を図示しなさい．

［3］ 上半平面に

$$ds^2=\frac{dx^2+dy^2}{y^2}$$

によって第1基本形式を導入したとき，90頁(5)を用いて全曲率 K を計算して，$K=-1$ となることを確かめなさい．

お茶の時間

質問　ガウスとリーマンがいたゲッチンゲン大学は僕も名前を知っているくらい有名な大学ですが，ゲッチンゲン大学とはどんな大学なのか教えていただけませんか．

答　ゲッチンゲンはドイツ北東部にある現在人口13万程度の大学都市である．中世以来ずっとハノーバー公国に属していたが1866年にプロイセンに併合された．ゲッチンゲン大学は，1737年当時ハノーバー選帝侯であったジョージ2世によって，ドイツでもっともよい大学を創ることを目指して設立された．最初は大学はGeorgia Augustaとよばれた．創立時，ハレ大学をモデルとして，中世の神学部優先を排し，科学の自由研究を重んじたため，とくに自然科学と医学に優れていた．それによってゲッチンゲン大学は近代的大学への移行の先駆となったのである．この大学には一流の学者が集められた．7年戦争やナポレオン戦役にもあまり影響を受けなかったのだが，ある事件がおきて，大学の権威が一時完全に失墜するということがおきたのである．それは次のようなことであった．フランスの七月革命の影響もあって，1833年，貴族寡頭制をうたう旧憲法を廃し，二院制議会に基づく民主的な憲法がハノーバー公国に制定された．しかしわずか4年後の1837年に新しく王位についたエルンスト・アウグスト2世がこの新憲法を破棄し，旧憲法を復活させたのである．これに対して，新憲法制定に中心的役割を演じた歴史法学者ダルーマンをはじめ，言語学者で童話でも有名なグリム兄弟，物理学者のウェーバーなどのゲッチンゲン大学の最もすぐれた教授7名が，新憲法に対して行なった宣誓を権力によって変えることは良心に反すると抗議した．この結果，この7人の教授は大学から追放され，グリム兄弟はハノーバー公国からも追放されたのである．これは権力と学問自由の抗争として，Göttingen Sevenとよばれる歴史に残る事件となった．当時世論は7人の教授を支持したのである．この事件後，最高の学府といわれたゲッチンゲン大学の評価は急速に失墜していった．約10年たって，1848年に新憲法は復活され，それとともに大学もまた甦えることになった．追放されていたウェーバーももどってきた．

19世紀末，ゲッチンゲン大学の数学教室には，当時ドイツ数学界に君臨していたクラインがいた．1895年3月，ケーニヒスベルク大学の助教授であったヒルベルトを，ゲッチンゲン大学の正教授として招へいしたのはクラインであった．1902年秋にはミンコフスキーも正教授として招かれた．これから約30年間，ゲッチンゲン大学は世界の数学の中心となり，20世紀の新しい数学の波がここを中心にして世界に広がっていったのである．ゲッチンゲン大学は輝く栄光の時を迎えたかのようであった．

しかし1930年を過ぎると，ユダヤ排斥に動き出したナチズムの手によって，指導的立場にあったすぐれた多くのユダヤ系数学者，科学者たちは追放されることになった．それは100年前のGöttingen Sevenの悪夢が再来したようであった．しかしゲッチンゲン大学にとってその傷手ははるかに深かったのである．ゲッチンゲン大学のかつての栄光は遠く過ぎ去ったまま，現在にいたるまでもどってきていないのである．

金曜日

三角形を貼る

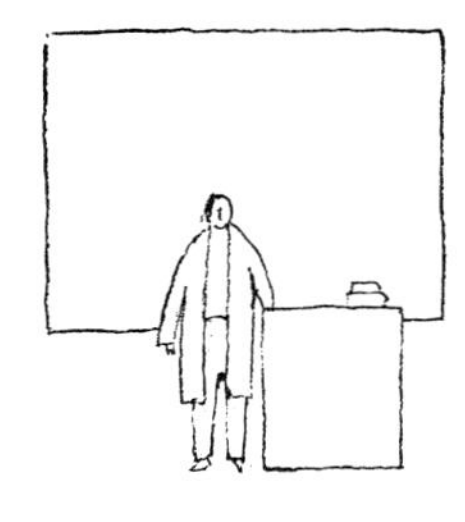

先生の話

今週は，硬い面と柔らかい面の2つの面が主題でした．微分幾何学が対象とする面は，基本的には硬い面の方です．しかしそれについては少しコメントがいるでしょう．微分幾何学で対象とする曲面では第1基本形式が基本となります．あるいはそれをはるかに抽象化したリーマンの立場にしても，“無限小の長さ”を測る計量$ds^2=\sum g_{ij}\,dx^i dx^j$が最初に設定され，そこからスタートします．この計量を通して記述されるものが，非ユークリッド幾何学の曲面も含むような微分幾何学の主要な対象となるのです．したがってたとえば曲面が鋼鉄の薄い板でできているならばそれをたわめても長さは変わりませんから，微分幾何学の対象としては同じ曲面と見てもよいことになります．もちろん第2基本形式が関係するような量では，もっと曲面の形そのものがかかわってきますが，一般的な立場からみれば，それは少し特殊なテーマということになります．その意味では微分幾何学で取り扱う曲面は，陶器や磁器でつくった曲面ほどは硬くないといえます．

しかしそれでも，粘土で曲面の形をつくるように曲面が自由に変形できるようにすると，長さは伸び縮みして変わりますから，これらの曲面から共通な微分幾何学的な量を取り出すことは基本的にはできなくなってしまいます．したがってこのような変形を許す曲面の中から，何か共通の性質を見出そうと曲面をじっと見つめる視点は微分幾何学的なものとは違ってきます．法截面も切り口の曲線もどんどん変わっていくのです．この微分幾何学と異なる見方で見る視点を，わかりやすく硬い面と対照する形で柔らかな面といったのです．

もう少し数学的にいえば，硬い面を見る視点は微分的視点なのです．曲面上の各点のまわりの形の微小な変化を追求し，そこから各点での曲がり方を示す微分的量を求めていくと，各点で得られたその量は曲面全体で見れば，曲面上の1つの関数を生むでしょう．その関数のもつ解析的な性質が，曲面の形を表わす数学の定式化であると考えるのです．曲面は解析の世界の中でその形を見出すことになります．ここには抽象化へ向けての1つの足がかりがあります．そしてリーマンが曲面概念を高次元へと向けて拡張しようとした1つの接点もまたここにあったと考えてよいでしょう．

それに対して柔らかな面を見る視点は連続的視点であるといってよいのです．実際，子供が粘土をこねて1つの形をつくっていくとき，私たちの眼は粘土が連続的に形を変えながら示していく全体像を追っています．しかしこの変化する全体像の中にも，ある共通した性質はあるのです．たとえば子供が象を粘土でつくろうとするとき，その手許を見ているお母さんは，粘土のかたまりから鼻が伸ばされ，太い4本の足が伸ばされてきても黙っているでしょうが，胴体となるところに大きな穴があけられればそれは違うというでしょう．

2つの曲面 S と S' に対して，S から S' の上への1対1の連続写像があるとき，S と S' は同相であるといいます．球面と浮輪とは同相ではありません．ゴム風船を変形して象のような形をつくることはできますが，球面を変形して浮輪をつくることはできないのです．

このような同相な曲面の中から，何かある共通な性質を数学的に定式化して捉えようとする研究の方向は，現在数学の中でトポロジーとよばれている研究分野への方向を指し示すことになります．トポロジーで用いる方法は，微分幾何の方法とはまったく異なります．

いま曲面を，伸縮可能なゴム膜でつくった三角形の小片で，重なることなく貼っていき，曲面全体をおおったとします．曲面を連続的に変形していったとき，それに応じて曲面上に貼られた1つ1つの三角形も伸び縮みして形を変えるでしょう．しかし隣接している三角形どうしの関係は変わりません．三角形に $A, B, C, \cdots$ のように符号をつけておけば，A に B が貼られ，B に C が貼られているという関係は，伸び縮みでは変わりません．しかしたとえば球面の場合を考えてみても，赤道に沿って三角形を順に隣接する辺どうしを(糊しろをつけて)貼り合わせていけば，1周し終ったところで最初の三角形の辺とまた貼り合わすことになります．ここに貼り合わせに対して1つの関係が生じてきます．(幼稚園で子供たちが1列に手をつないで輪をつくろうとするとき，最後の子供が最初の子供と手を結んだとき，1つの関係が生じ，その関係が輪の形となって現われるようなものです.）　このような関係は赤道だけではなくて，球面のいたるところでおきていますが，この関係は球面の連続的な変形では変わりません．したがって，この関係をもっとはっきりした形で取り出すことに成功すれば，それは柔らかい面としての球面の性質を特性づけるものとなるでしょう．この考え方はトポロジー的な考え方です.

このような視点から曲面を捉えようとした最初の数学者はやはりオイラーでした．今日はそのオイラーの考えから話をしていくことにしましょう.

正多面体

合同な正多角形を貼り合わせて得られる多面体を正多面体という．正多面体は5種類しかないということは古代ギリシャの昔から知られていた．それらは正4面体，正6面体，正8面体，正12面体，正20面体であって，それぞれ正3角形，正4角形，正3角形，正5角形，正3角形を貼り合わせてできている．面と面の交わりとして得られる線分を稜という．正多面体の，頂点と稜と面の個数は次のようになっている.

	頂点の数	稜の数	面の数
正 4面体	4	6	4
正 6面体	8	12	6
正 8面体	6	12	8
正12面体	20	30	12
正20面体	12	30	20

これを眺めていただけではすぐに気がつく関係ではないかもしれないが，ここに

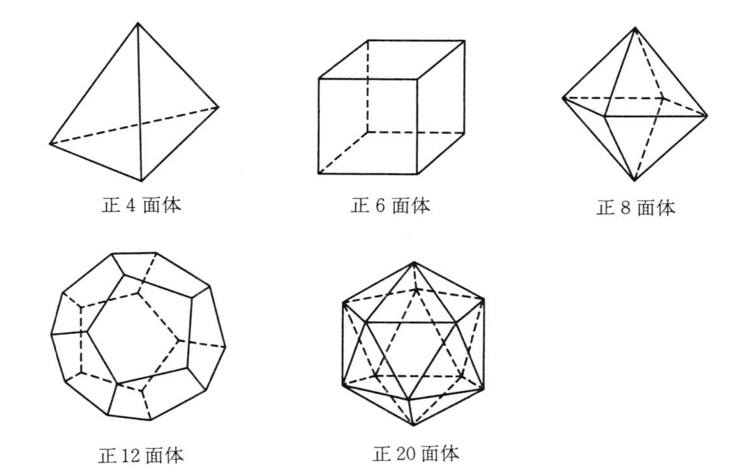

(頂点の数)−(稜の数)+(面の数) = 2　　(1)

という関係が成り立っている．たとえば正6面体と正12面体の場合に確かめてみると

正6面体　：$8-12+6=2$

正12面体：$20-30+12=2$

(1)が成り立つことは，このように上の表を見ながら5つの正多面体について確かめてみれば，それでわかったことになるのだが，(1)は実は正多面体だけに限らず，もっと一般の場合にも成り立っている特徴的な関係である．これからそのようなところへ話を進めるために，まずもっとも簡単な正6面体と正8面体の場合に(1)がなぜ成り立つかの理由を，図を使って明らかにしておこう．問題はなぜ右辺に2が現われるかということにある．

説明のため p を頂点の数，q を稜の数，r を面の数とする．(1)はこのとき

$$p-q+r=2 \qquad (2)$$

と表わされる．

図(Ⅰ)は，左に正6面体，右に正8面体を描いている．これらを上から見た一種の展開図が(Ⅱ)となっている．ただし1つの面は底面となっていて，それはこの図では外周の裏側に隠れており，そこにもう1つの面があると考えておく．(正8面体の方はいくつかの

稜が曲線で書かれている．）　だから正6面体の面の数 $r=6$ は，（Ⅱ）で区画された部分の数を数えるときには1つ減って，$r-1=5$ となっている．正8面体の方は，$r=8$ が，（Ⅱ）の区画数でいうと r

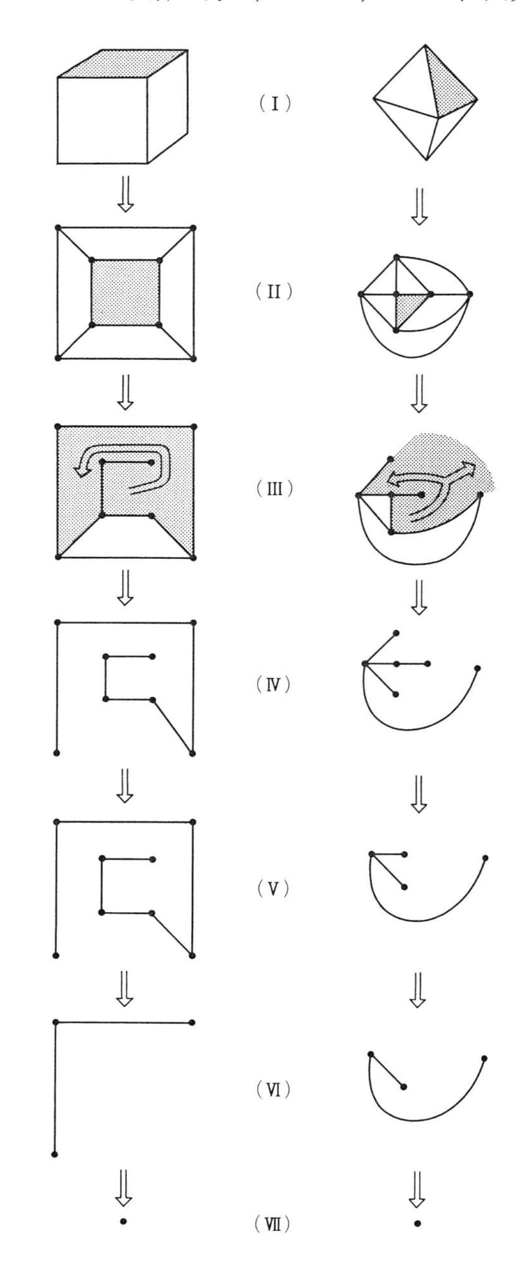

$-1=7$ になっている．図(Ⅲ)では，カゲをつけた部分に水を入れて，次に順次，隣接する区画の境界線((Ⅰ)では稜に対応している)を取り払って，この水がすべての区画に(裏側にある区画にも)行き渡るようにする様子を矢印を用いて描いている．このとき取り払った境界線の数は

$$r-1$$

である．図(Ⅳ)ではこのようにして得られた，残った境界線だけからなるグラフを描いている．このグラフを形成する線分の数は

$$q-(r-1) \tag{3}$$

である．また図を見れば明らかだし，また説明することも簡単だが，このグラフは連結したグラフになっている．このグラフの頂点(線分の端点)の個数は p である．

このグラフで，枝の先の方から1つずつ線分を取り除いていく．このとき枝先の点も同時に取り除く．その様子を図(Ⅴ),(Ⅵ)で書いてある．このようにしていくと p 個の頂点のうち $p-1$ 個が取り除かれて，図(Ⅶ)で示してあるように，最後に1点だけが残る．

線分を取り除くと同時に，点を1つずつ取り除いたのだから，このことは(3)の値が $p-1$ に等しいことを示している．すなわち

$$q-(r-1)=p-1$$

である．この式を整理すると

$$p-q+r=2$$

となり，(2)が，したがってまた(1)が正6面体と正8面体の場合に示されたことになる．同様の考えで，すべての正多面体について(1)が確かめられる．

オイラーの公式

ところがいまの証明をよくみると，ここで用いた事実は，頂点と稜と面とが互いに“貼り合わされている”相互関係だけであって，したがって次の図で示した多面体に対しても，(1)の関係はやはり成り立つのである．

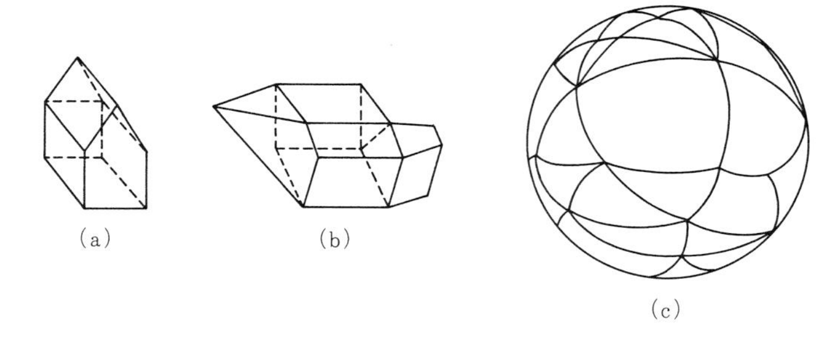

この図の(a),(b)はとくに問題はないだろうが，(c)には少し説明がいるかもしれない．(c)は球面を，多角形でおおった図を書いている．隣接した多角形は1辺だけを共有している．サッカーボールの表面に皮が貼られている様子を想像されるとよいかもしれない．このとき多角形は球面上に貼られているので，いわば“曲多角形”となっている．しかし，このような場合にも関係式(1)が成り立つことは，上に述べたように，(1)を成り立たせるものは形そのものではなく，頂点と稜(いまの場合は多角形の辺)と面との相互関係だからである．

この(c)の方を中心にしてみれば，正多面体にしても図の(a),(b)にしても，適当に風船のように思ってふくらましていけば，(c)の形になっている．形を無視すれば，多面体の辺，稜，面の相互関係を示す1つの標準的な表示は(c)によって与えられていると考えてよい．

そのような観点に立てば，関係式(1)を次のようにいいかえておく方が，もっと一般的なことになる．

> 球面を多角形で重なり合わないように分割する．隣接する多角形は1つの辺を共有しているとする．この分割に現われた頂点と辺と(多角形の)面の個数をそれぞれ p, q, r とすると
>
> $$p-q+r=2$$
>
> が成り立つ．

私たちはこれを**オイラーの公式**とよぶことにしよう．多面体のときは q を稜の数といったが，それをここでは辺の数といいかえてお

いた．

隣接する多角形は1つの辺を共有しているという条件をおいたが，それは多面体では2つの面は1つの稜を共有しているということに対応している条件である．この条件をおくことが絶対に必要というわけではないが，あとの三角形の分割との関連もあって，この条件をおいたのである．

球面の三角形分割

球面を，隣接する多角形は1辺だけを共有するようにして多角形に分割すると，いつでもオイラーの公式は成り立つが，実際はそのことを示すためには，**球面を三角形で分割した場合**だけを考えれば十分なのである．

なぜなら図のように，多角形ABCDEFを点線で示したように三角形に分割してみる．このときたとえば点線ACを最初に引いてみると，これによって辺の個数が1つ増えるが，同時に多角形ABCDEFが2つに分解されて，多角形の個数も1つ増える．すなわちこの操作で$p-q+r$の個数は変わらない．したがって多角形をすべてこのように三角形に分割してから，$p-q+r=2$を示せば，実は最初の多角形の分割に対しても，同じ関係式が成り立つことを示したことになる．ここでオイラーの公式で，＋(プラス)と －(マイナス)が交互に現われるという定式化が巧みに働いていることを注意されるとよいだろう．

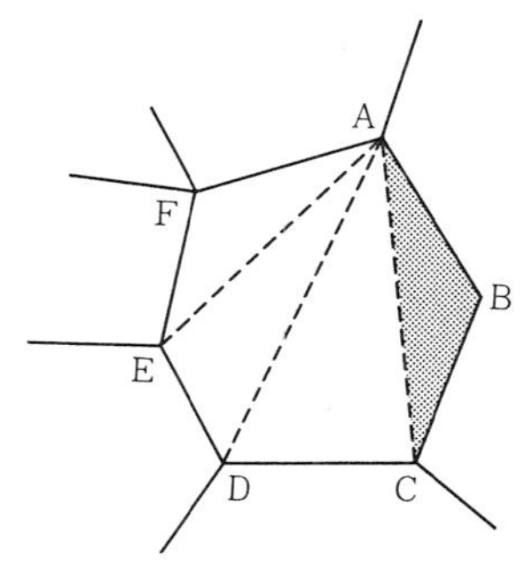

このようにして，私たちはオイラーの公式の彼方にしだいに球面

の三角形分割という像が浮かび上がってくるのを察知することができるのである．球面の三角形分割とは，球面を三角形のタイル(といっても“曲三角形”であり，三角形のゴム膜といった方がよいかもしれない)で重なり合わないようにおおうことで，ここで条件

> (A) 2つの三角形 $\triangle$，$\triangle'$をとったとき
>
> $\triangle \cap \triangle' = \phi$ (ϕは空集合を表わす)
>
> か，
>
> $\triangle \cap \triangle'$は1頂点または1辺を共有する

をみたしているものである．したがって図(d)のような三角形の貼り方は分割とは考えない．

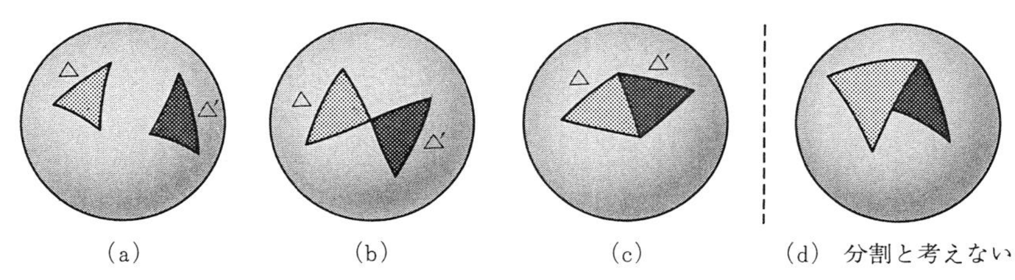

(a)　(b)　(c)　(d) 分割と考えない

オイラーの公式は，結局球面をどのように三角形分割しても，つねに $p-q+r=2$ という関係が成り立つことを示している．してみると，この公式はそれぞれの三角形分割の性質というより，球面のもつ1つの性質が三角形分割を通して浮かび上がってきたものであるとみることができるものである．

ドーナツ面に対するオイラーの公式

それでは，球面ではなくてドーナツ面を三角形分割したときには，オイラーの公式はどんな形をとるのだろうか．ドーナツ面とは，実際ドーナツをつくるときにそうするように，球から穴を1つ抜きとって得られる図形の表面のことである．

いま球面(地球表面を思い浮かべてほしい)を三角形分割し，北極の近くをおおう三角形を $\triangle$，南極の近くをおおう三角形を $\triangle'$ とし，$\triangle \cap \triangle' = \phi$ とする．球面から $\triangle$ と $\triangle'$ の内部を抜いて，$\triangle$ から

△′へと1つトンネルを球に貫通させる．そうしてできた穴は，底面が△′，上面が△の三角形にくり抜いたトンネル状になっている．トンネル内部を形づくる三角柱の表面をさらに三角形に分割しても，しなくても，オイラーの公式を確かめるときには同じ結果になる．だから，球面の三角形分割とこの三角柱の表面とでドーナツ面の“三角形分割”ができたと考えて，このときの頂点の数p'，辺の数q'，面の数r'を数えてみよう．

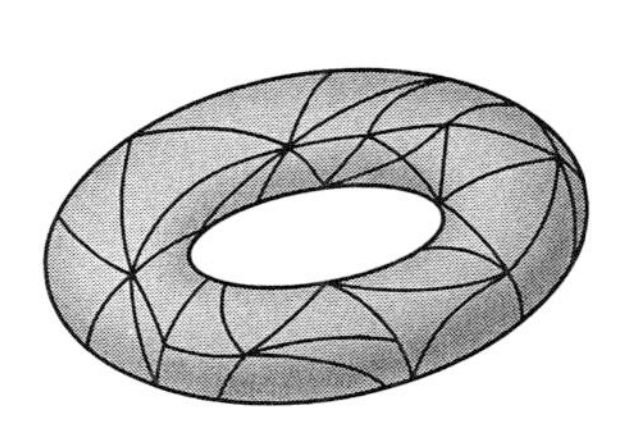

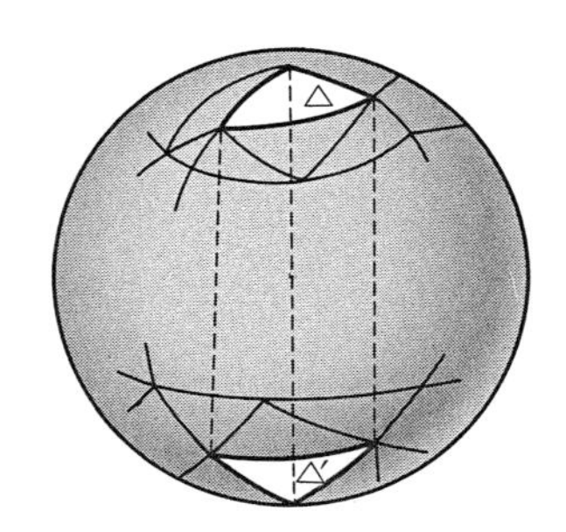

そのため，最初の球面の三角形分割に現われた頂点の数をp，辺の数をq，面の数をrとすると，明らかに

$$p' = p$$

$$q' = q+3 \qquad （3 は三角柱の側面の稜の数）$$

$$r' = (r-2)+3 \quad （3 は三角柱の側面の面の数）$$

が成り立つ．$p-q+r=2$だから，

$$\begin{aligned} p'-q'+r' &= p-(q+3)+(r-2)+3 \\ &= p-q+r-2 = 0 \end{aligned}$$

となる．

いまの場合，ドーナツ面の特別な三角形分割を用いて計算したが，実はこの結果はドーナツ面の任意の三角形分割に対して成り立つ．すなわち

> ドーナツ面の三角形分割に対して，頂点の数をp'，辺の数をq'，面の数をr'とすると
>
> $$p'-q'+r' = 0$$
>
> が成り立つ．

球面のときのオイラーの公式の右辺に現われた2は，ドーナツ面では0へと変わったのである！

いくつかの穴のあいた曲面

それでは，球に2つ穴をあけて得られる図形の表面——2つ穴の浮輪——の三角形分割に対してはオイラーの公式はどのような形をとるのだろうか．このときもドーナツ面と同じように考えて，2つの穴を2つの三角柱で貫通させることによってつくり，そこで頂点の数 p''，辺の数 q''，面の数 r'' を求めてみることにしよう．

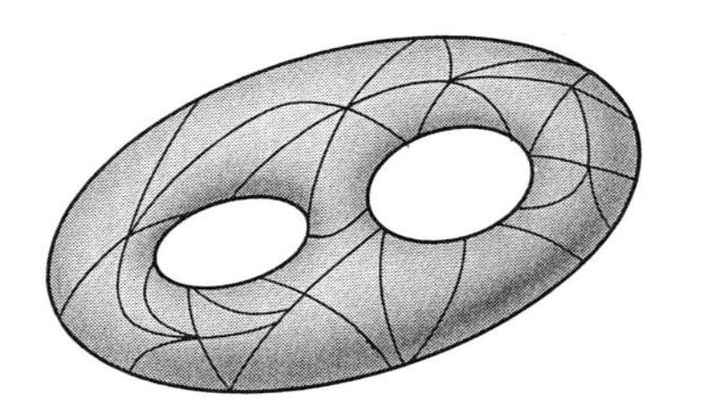

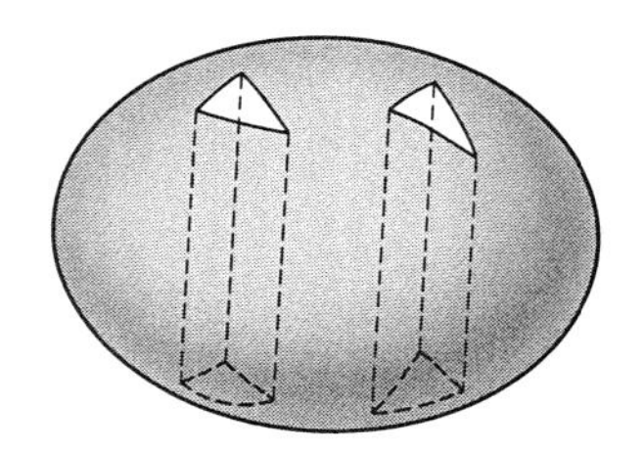

そのため帰納的な考えを用いることにし，ドーナツ面(頂点の数 p'，辺の数 q'，面の数 r')にもう1つの三角柱の穴をあけたと考えることにする．そうすると前と同様の関係

$$p'' = p'$$
$$q'' = q'+3$$
$$r'' = (r'-2)+3$$

が成り立つ．したがって $p'-q'+r'=0$ に注意して

$$\begin{aligned} p''-q''+r'' &= p'-(q'+3)+(r'-2)+3 \\ &= p'-q'+r'-2 = -2 \end{aligned}$$

となる．

このことから読者は一般に g 個の穴のあいた浮輪の表面を三角形分割したとき，次の形をとることが推測されるだろう．

> g 個の穴のあいた浮輪の表面を三角形分割し，頂点の数を $\tilde{p}$，辺の数を $\tilde{q}$，面の数を $\tilde{r}$ とする．このとき

$$\tilde{p}-\tilde{q}+\tilde{r}=2-2g \qquad (4)$$

が成り立つ.

この結果を，球から g 個の三角柱を除いた場合に示すことは容易である．しかし g 個の穴のあいた浮輪の，“どんな三角形分割に対しても”この結果が成り立つことを示すにはもう少し細かい議論が必要となってくるだろう．私たちは(4)もまたオイラーの公式として引用することにしよう．

三角形を貼り合わせる——閉曲面

ところでこのように進んでくると，多面体とか，穴がいくつもあいた浮輪などという具体的な形より，曲面は三角形を貼り合わせて生まれてくるという見方が自然かもしれないと思われてくる．三角形といってもこれは伸縮自在の三角形である．柔らかな曲面をつくっている素材は，この伸縮自在の三角形であるといってもよいだろう．まったく勝手に三角形を曲面に貼り合わせていったとしても，柔らかな曲面の固有な性質としての穴の数 g が，そこから浮かび上がってくることをオイラーの公式は示している．

そこでこの立場に立って，曲面を三角形を貼り合わせたものとして定義することを考えてみよう．すなわち，有限個の三角形

$$\triangle_1,\ \triangle_2,\ \cdots,\ \triangle_s \qquad (5)$$

をとって，これらを貼り合わせることにより得られたもの，

$$S=\triangle_1\cup\triangle_2\cup\cdots\cup\triangle_s$$

を曲面としてここでの対象としてみたいのである．もちろんここで，貼り合わせの条件がいる．

まず前に述べた(A)を条件としておく：$i\neq j$ のとき，$\triangle_i\cap\triangle_j=\phi$ か，$\triangle_i$ と $\triangle_j$ は1頂点または1辺だけを共有する．この条件は図で示してあるような三角形の貼り合わせ方は，曲面をつくるときには採用しないといっているのである．

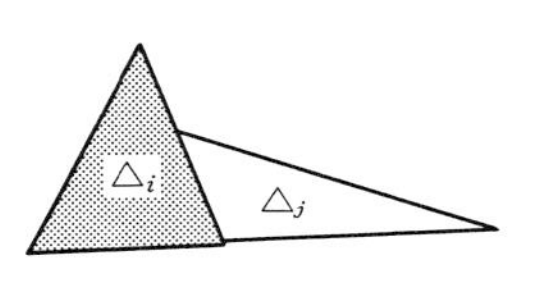

辺を共有していない

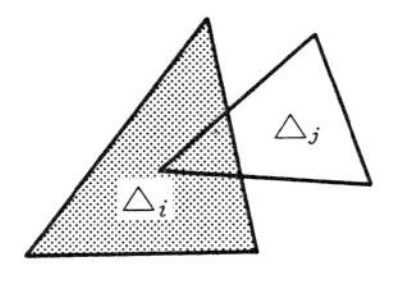

重なっている

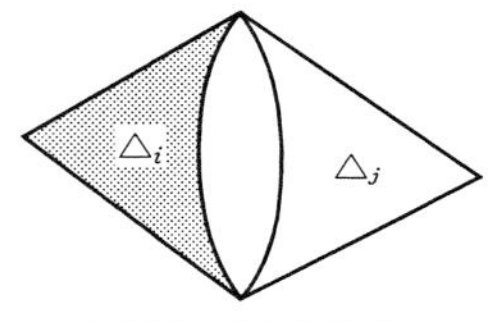

2頂点だけを共有

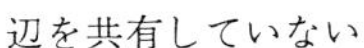
三角形分割として認めない

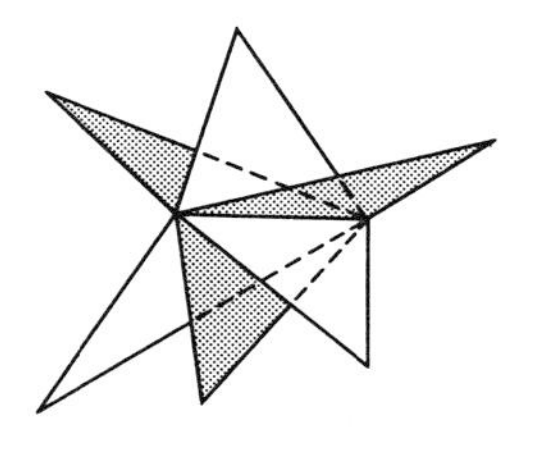
このような貼り合わせも三角形分割として認めない

私たちはここで曲面というときには，各点の近くでは1枚のゴム膜を引き伸ばしたようなものであると考えている．そうなると図に示してあるような3つ以上の三角形が1つの辺を共有するような貼り方も採用できなくなる．それを条件として明記する．

(B) (5)に現われた三角形の辺は，隣接するただ2つの三角形の共有辺となっている．

なお，私たちは曲面には境界がない——赤道を境界とする半球面のようなものは考えない——という条件もつけ加えておくことにしよう．

(C) (5)に現われた三角形のどの辺も，必ずほかのある三角形と辺を共有している．

すなわち，たとえば$\triangle_1$の3辺は必ずほかの三角形の辺と貼り合わされているのである．あるいはどの三角形をとっても，その各辺には“糊しろ”がつけられているといった方がわかりやすいかもしれない．条件(C)をおくことを，考えている曲面は**閉じている**，あるいは**閉曲面**であるといい表わすことがある．

このように三角形を貼り合わせたものとして曲面を定義してみると，こんどは2つの曲面SとTは，どんなときに同じものと考えられるのだろうかということが問題となってくる．私たちは三角形を伸縮して貼ったものも，あるいは直観的にいえば，でき上がったものを歪めたり，大きく引き伸ばしてあちこちに凹凸をつけてみても，これらはすべて同じもの——柔らかな曲面——を表わしているという立場に立とうとしているのである．そのことは次のような定義をおいて，2つの曲面 S と T を“同一視する”視点を定めることになる．

> **定義**　S から T の上への1対1の写像 $\boldsymbol{\Phi}$ があって，$\boldsymbol{\Phi}$ が連続のとき，S と T は**同相な曲面**という．私たちのいまの立場では，同相な2つの曲面は同じものと考える．

$\boldsymbol{\Phi}$ の連続性についてひとこと述べておくと，いま S の点Pが $\boldsymbol{\Phi}$ によって T の点Qに移ったとする：$\boldsymbol{\Phi}(\mathrm{P})=\mathrm{Q}$．このときPのまわりはいくつかの三角形でおおわれており，それは(ゴム膜を伸ばしたと思えば)平面の一部分と考えてよい．このように考えたとき $\boldsymbol{\Phi}$ は各点のまわりで平面の一部分から一部分への写像として連続となっているというのである．なお，S と T が同相のときには，(いまは閉曲面としているので)逆写像 $\boldsymbol{\Phi}^{-1}$ もまた連続となる．

ドーナツ面，クラインの壺，射影平面

さて，(A),(B),(C)の指示にしたがって，三角形を貼り合わせて曲面 S をつくろうとするとき，私たちがふつう行なっていることは，三角形を平面上に次々と貼り合わせていって，最後に得られた多角形の辺を，適当に対(つい)として取り出しそれを貼って S をつくる作業を完成させるということである．たとえば正6面体をつくるとき，図に示したように展開図(これは三角形を貼って得られたものとみることができる)を書いて，それを適当な辺どうしで貼り合

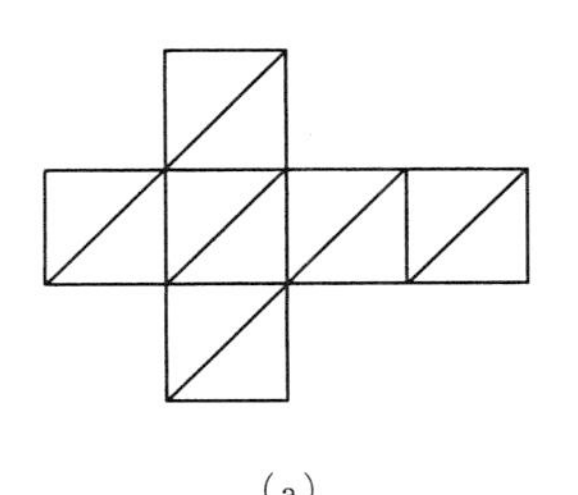

(a)

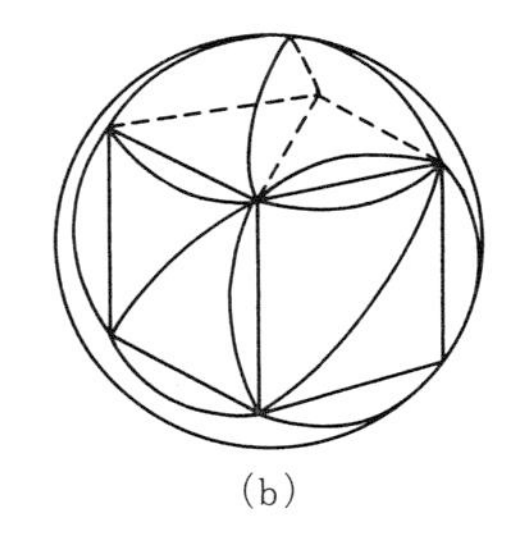

(b)

(a)の展開図を貼り合わせ，正6面体をつくり球に内接させて，球の中心から球面へ射影すると，球面の三角形分割が得られる．

わせてつくる．でき上がった正 6 面体は三角形分割されているが，この正 6 面体を球に内接させて球の中心から球面上へ射影すれば，この三角形分割は同時に，球面の三角形分割を与えていることになる．

このような立場では，ドーナツ面は図で示したように長方形をまず対辺 AB と CD を矢印の向きに貼り合わせ，次にこの段階で円周となった対辺 AC, BD を矢印の向きに貼り合わせて得られる．

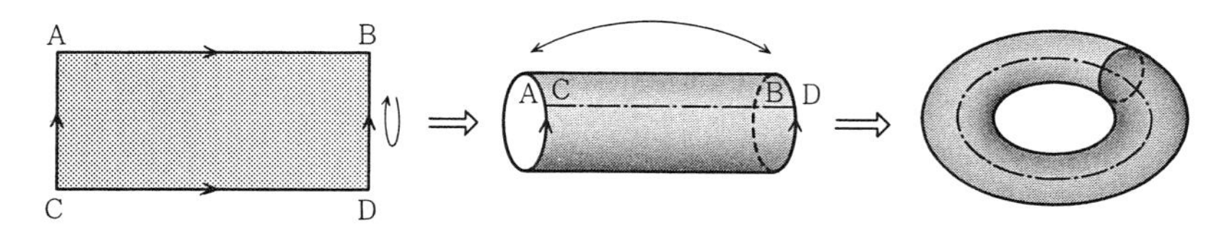

このとき長方形 ABDC を図のように三角形分割しておくと，これはドーナツ面の三角形分割を与えたことになっている．

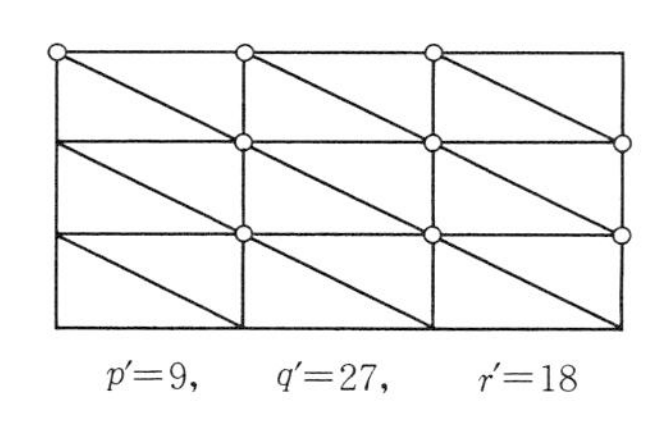

$p'=9$，　$q'=27$，　$r'=18$

ドーナツ面上で異なる
頂点となるものに○を
つけてある．

念のためこのときの三角形の頂点の数 p'，辺の数 q'，三角形の総数 r' を数えてみると

$$p' = 9, \quad q' = 27, \quad r' = 18$$

となっており，この場合にもドーナツ面に対するオイラーの公式

$$p'-q'+r' = 0 \tag{6}$$

が成り立つことが確かめられる．

しかし，ドーナツ面をこのように長方形 ABDC の貼り合わせでつくってみると，こんどは誰でも対辺 AC と BD の向きを変えて貼り合わせたらどうなるだろうかと考えてみたくなる．実際このように貼ってみても，三角形を貼るときに課した条件(A)，(B)，(C)はみたされているから，1 つの曲面が得られるはずである．p', q', r'

はドーナツ面のときと同じである．したがってこのようにしてつくった曲面に対しては，(6)と同じ形でオイラーの公式が成り立っている．しかしこの曲面は，もう3次元の空間の中ではふつうの曲面としては実現できない．3次元の空間の中でこの貼り合わせを行なおうとすると，どうしても交わってしまうのである．この曲面を**クラインの壺**という．これについては月曜日“お茶の時間”で述べてあるが，三角形分割の図とあわせて，もう一度ここに図示しておこう．

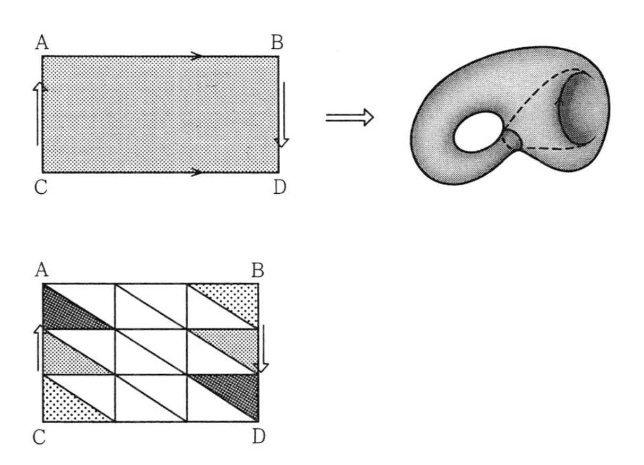

長方形ABDCで，対辺ACとBDを向きを変えて貼るだけでなく，もう一方の対辺ABとCDの向きも変えて貼ると**射影平面**とよばれる曲面が得られる．

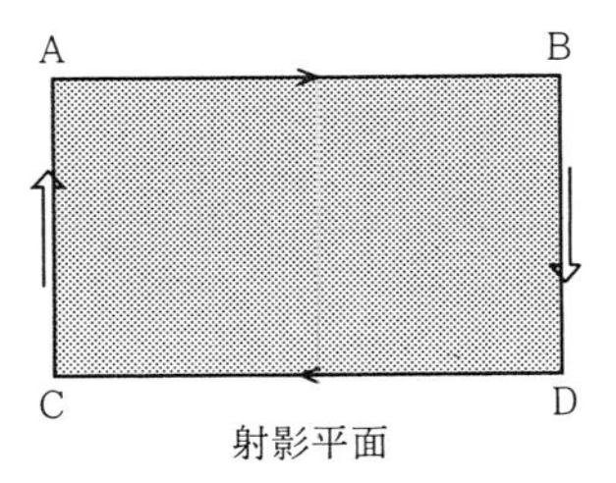

射影平面

なおこの図で，長方形をふくらまして円に変形してみると，次のことがわかる．射影平面とは，1つの円において，円周上で中心に関して点対称の2点を，すべて同一視して得られる曲面であると考えられるのである(134頁参照)．

この曲面は3次元の空間の中でどのように具象化して考えてよいのかわからない．その意味ではクラインの壺よりもはるかに想像しにくい曲面である．なお射影平面の1つの三角形分割を示しておいた．この三角形分割の頂点，辺，面の数 p'', q'', r'' はそれぞれ $p''=6$，$q''=15$，$r''=10$ となっている．このとき

$$p''-q''+r''=1 \tag{7}$$

となる．

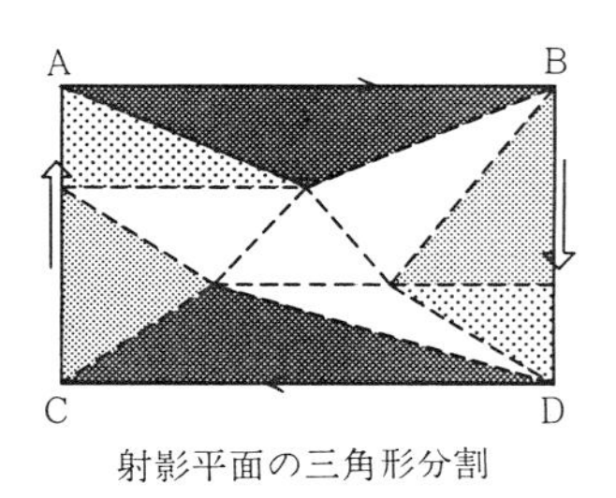

射影平面の三角形分割

向きづけ可能と向きづけ不可能

(4)と(7)を見くらべてみると，(4)の右辺はいつも偶数となっているのに，(7)の右辺は奇数である．このことは，射影平面は決して球面に穴をあけて得られる曲面とは同相にならないことを示している．実際は，クラインの壺も，球に穴をあけた曲面とは同相にならない．

曲面には，球に穴をあけたような曲面と，クラインの壺や射影平面とを区別する，大きな区別の仕方がある．それは“向きづけ可能”と，“向きづけ可能でない”という区別の仕方である．このことを説明してみよう．

まず三角形ABCに**向き**を与えるとは，辺を1周する2つの向き(A→B→Cと回るか，A→C→Bと回るか)のいずれか1つの向きを正，残りの向きを負と決めることである．ふつうは三角形の向きは時計の針と反対方向に回る向きを正の向きとするが，この三角形を書いた紙の裏からみれば，この回り方は時計の針と同じ向きになっている．表から見るのと裏から見るのとで，向きが逆になるという

ことは，向きのつけ方に絶対的な決め方などないということである．

向きづけ可能な曲面とは次のような曲面である．三角形分割したとき，その中の１つの三角形に正の向きにまわる回り方を決め，次に隣接した三角形にはこの向きに合わせるように正の向きを与えていく(図参照)．

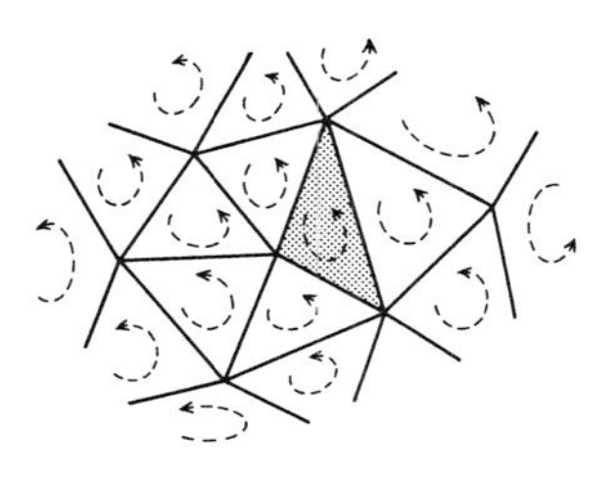

この操作を次々と三角形に行なって正の向きを決めたとき，どの三角形にもただ１通りに正の向きが決まるとき，向きづけ可能というのである．向きづけ可能な曲面に対しては，三角形の周に沿って１周するとき，正の向きに１周するか，負の向きに１周するかが決まることになる．球面やドーナツ面などは向きづけ可能である．

しかしクラインの壺や射影平面は向きづけ可能でない．そのことは，上の図で示してあるそれぞれの三角形分割に向きを与えようとしても，対辺を逆向きに貼ったために向きが一定しないことから確かめられる．

なお，１つの曲面が向きづけ可能か，向きづけ可能でないかは，三角形分割のとり方によらないで曲面の性質として決まった性質である．

連結和

日常見なれている球や浮輪のようなものだけではなくて，クラインの壺や，射影平面などが曲面の中に登場してくると，何かもっと不思議な魔法の壺のようなものも曲面として登場してくるのではないかと想像されてくる．そのため，同相という視点に立ったとき，どんな曲面があるのかをはっきりさせておいた方がよい．それを曲面の分類問題というのだが，その結果を述べる前に連結和という概念を導入しておいた方がよいようである．まずそのことから説明することにしよう．

ドーナツ面を2つとり，それをT_1, T_2とする．私たちはT_1とT_2の**連結和**$T_1 \# T_2$を定義したい．そのためT_1, T_2からそれぞれ適当な円板D_1, D_2をとり，次にT_1, T_2からこれらの円板の内部$\mathring{D}_1, \mathring{D}_2$を取り除く．したがってドーナツ面$T_1, T_2$に2つの風穴があいたようになる．次に$D_1, D_2$の境界となっている円周$C_1, C_2$の向きを逆にとって(一方が時計の針の進む向きなら，他方は逆の向きにとって)，連続的に1対1に対応するような対応を決め，この対応にしたがってC_1とC_2を貼りつける．このようにして得られた曲面を，T_1とT_2の連結和といい，$T_1 \# T_2$と表わす．

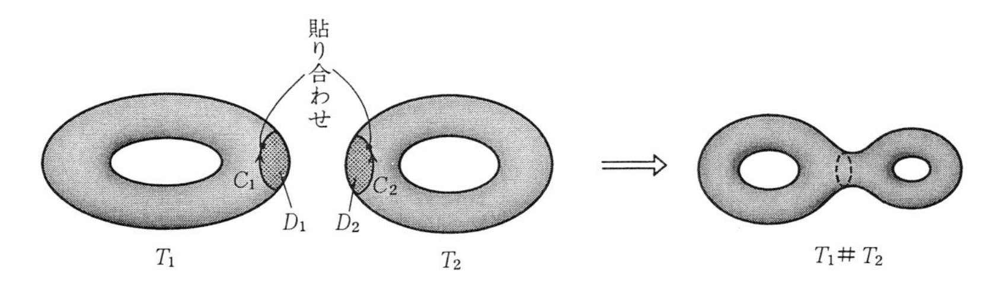

要するに，2つのドーナツ面T_1, T_2に風穴をあけて，その風穴に沿って貼り合わせてT_1とT_2をつないで，同時に風穴を閉じてしまうということをしたのである．でき上がったものは図を見てもわかるように2つ穴の浮輪である．もちろんこのような図を自由に描いている背景には，私たちが考えているのは硬い曲面ではなく，柔らかい曲面を同相の立場で見ているということがある．

この連結和の操作を，“展開図”を用いて表わそうとすると次頁に示した図のようになる．

この図で(i)から(ii)へ移るところは円周C_1, C_2を切り開いて線分としているが，これはあくまで“展開図”であって，最終的には(ii)の線分C_1, C_2の端点は貼り合わされる．(i)と(ii)はそのように見れば同相な図形を表わしていることは納得してもらえるだろう．(ii)は展開図といっても，対辺の長さが違うから，貼り合わすとい

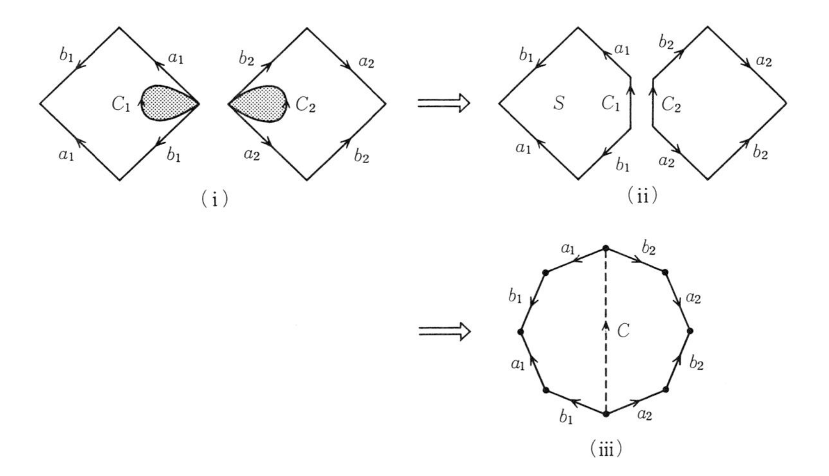

っても現実にはそんな上手に貼れないので，1つのモデルと考えた方がよい．(ii)から(iii)への移行で，C_1 と C_2 は貼り合わされ，8角形が得られたが，同じ記号で表わされた辺を矢印の向きに同一視し，さらに線分 C の端点を同一視すると，この8つの頂点はすべて1点に集められることになる．この(iii)が三角形を貼るという立場と，同相という立場に立ったときの，連結和 $T_1 \# T_2$ を表わす一種の展開図と考えられる．

閉曲面の分類定理

g 個のドーナツ面 $T_1, T_2, \cdots, T_g$ があったとき，次々と連結和をとっていくことにより，曲面

（Ⅰ）　$T_1 \# T_2 \# \cdots \# T_g$

を考えることができる．この曲面は g 個の穴のあいた浮輪として実現されている曲面である．実は向きづけ可能な曲面はすべてこのようにして得られることが知られている．すなわち次の定理が成り立つ．

定理　向きづけ可能な曲面は，球面かまたは(Ⅰ)の形で表わされる曲面に同相である．

このときgを曲面の**種数**という．球面の種数は0と定義しておくのである．Kをクラインの壺，Pを射影平面とする．これらに(Ⅰ)のように表わされた曲面を，連結和によってつなげていくことができる．要するに円板を抜き取って円周に沿って貼り合わすのである．このようにして実は向きづけできない曲面がすべて得られるのである．すなわち次の定理が成り立つ．

定理　向きづけ不可能な曲面は，次の(Ⅱ)または(Ⅲ)のいずれか1つの曲面と同相になる：

(Ⅱ)　$K \# T_1 \# T_2 \# \cdots \# T_g$　　$(g \geqq 0)$

(Ⅲ)　$P \# T_1 \# T_2 \# \cdots \# T_g$　　$(g \geqq 0)$

したがってこの2つの定理によって，曲面は同相の立場に立ってみる限り，図で示したようなものしかないのである．

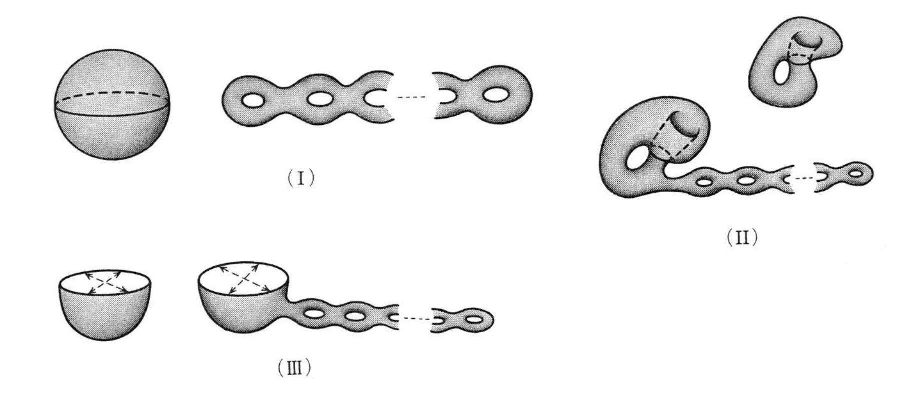

(Ⅰ)　(Ⅱ)　(Ⅲ)

歴史の潮騒

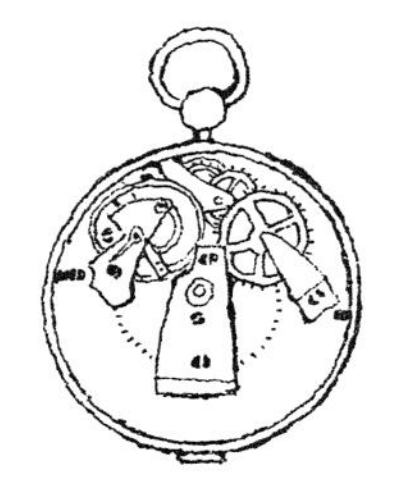

ごく大ざっぱにいえば，1対1の連続写像で変わらない性質を調べる数学の分野をトポロジーという．

トポロジーは20世紀になって急速に発展した数学の研究分野であって，19世紀まではこの研究分野を育てる学問の根はなお浅く細かったのである．1679年にライプニッツは『Characterstica Geometrica』という本を出版したが，その中で(現代流にいえば)

形の中にひそんでいる距離に関する性質より，むしろトポロジー的な性質を調べることを試みようとした．ライプニッツはその中で“私たちは位置(situs)を定義するような純粋に幾何学的な何らかの解析を必要としている．その解析は，代数がちょうど量を定義するようなものである”といっているそうである．これは私の勝手な推測にすぎないのだが，ライプニッツは形の中から何か記号化できるものを取り出し，その記号を通して形相に関する普遍的な性質を求めようとしていたのかもしれない．ライプニッツはこの研究の方向にホイヘンスの興味を誘おうとしたのだが，それは不成功に終った．

18世紀になって，オイラーが多面体に対して $p-q+r=2$ という公式を見出した．これはトポロジーの最初の定理として引用されることが多い．ところでオイラーはもう1つトポロジー的な考察を必要とするような問題に出くわした．ケーニヒスブルクの町には図のように川が流れ，ここに7つの橋が架かっていた．

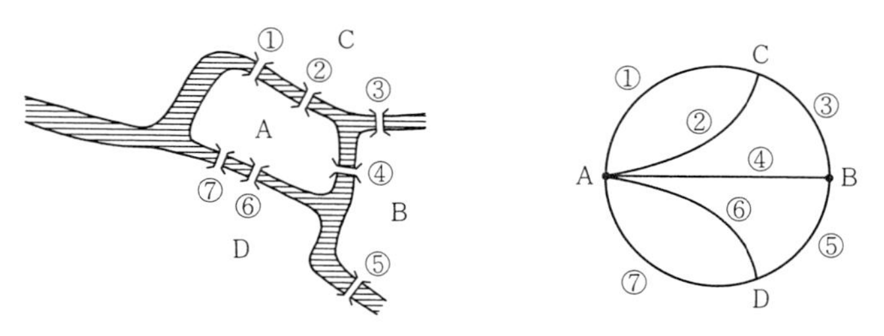

ケーニヒスブルクの橋の問題を調べるには，右のグラフが一筆書きできるかどうかをみるとよい

この橋をただ1回きりしか渡らないで，すべての橋を渡ることができるかということは，古来“ケーニヒスブルクの橋の問題”として有名であった．どの橋も通行料金をとっていたから，この問題は町の人たちにも関心が深かったのである．オイラーはこれが不可能であることを示し，さらに一般に，連結なグラフが一筆書きできるための必要十分条件を1735年に見出した．その条件は，グラフの交点に集まる道の数は，どの交点でもいつも偶数個になっているか，そうでないときには，2つの交点にだけ奇数個の道が集り，残りはすべて偶数個の道が集っている，といい表わされる．

昨日，リーマンのことを述べた際触れたように，トポロジーという言葉は1848年のリスティングの本の題名としてはじめて現われた．トポロジーは“形相の学”を表わすためにギリシャ語のトポス(場所)とロゴス(学問)を合わせた造語といわれている．しかし19世紀を通してこのトポロジーという言葉は，数学の中に定着することはなかった．Analysis situs という言葉が広く用いられていたのである．

トポロジーとよばれる研究分野が1つの学問として育っていくための基本的な方法を見出したのは，1895年にポアンカレによって発表された長編の論文『Analysis situs』によってである．ポアンカレは，トポロジー的な方法を微分方程式や力学系の問題，とくに三体問題に適用しようと考えていた．ポアンカレは一般に N 次元ユークリッド空間 $\boldsymbol{R}^N$ の中にある，滑らかな高次元の曲面(現在で C^1-部分多様体とよばれる)の位相的な性質を取り扱うことを試み，そこにホモロジーという概念を導入した．その概念を通して代数的演算を導入する緒口(いとぐち)をつかんだのである．やがて20世紀になって，抽象代数学の機運が高まってくると，ポアンカレの見出した代数的方法はトポロジーを展開する際のもっとも主要な方法となり，代数的トポロジーとよばれる1つの分野を形成した．それは高次元の幾何学的対象から多くの位相不変量を取り出すことに著しい成功をおさめ，20世紀数学が達した1つの頂点を示すほどにもなったのである．

先生との対話

山田君がノートに書きうつした図を見ながらしばらく考えていたが，それから先生に質問した．

「2つ穴の浮輪の展開図——といっても糊しろをつけて貼り合わすわけにはいかないようだけど——が，128頁の図のように書けたとすると，3つ穴の浮輪は $a_1, b_1, a_2, b_2, a_3, b_3$ という記号と矢印で，こんなふうに表わすことになるのでしょうか.」

そういって山田君は前に出てきて，黒板に次のような図を書いた．

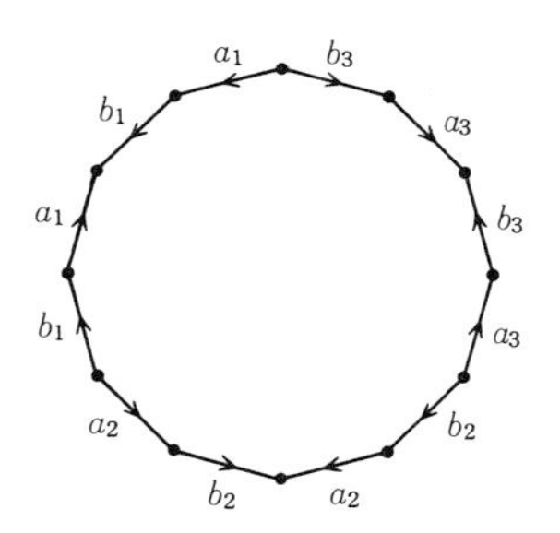

「そうです．ただしこれをそのまま貼り合わすわけにはいかないでしょう．内部の12角形が三角形分割されているとし，それらは伸縮自在なゴム膜からできていると思ったとき，ふちの部分をどのように貼り合わせるかを示している図と見て下さい．この図を記号で $a_1b_1a_1{}^{-1}b_1{}^{-1}a_2b_2a_2{}^{-1}b_2{}^{-1}a_3b_3a_3{}^{-1}b_3{}^{-1}$ と表わします．肩に -1 をつけたのは矢印の向きが逆のことを示しているのですね．向きづけ可能な種数 g の曲面は，$2g$ 個の記号 $a_1, b_1, a_2, b_2, \cdots, a_g, b_g$ を用意しておくと，同じような記号列 $a_1b_1a_1{}^{-1}b_1{}^{-1}\cdots a_gb_ga_g{}^{-1}b_g{}^{-1}$ として表わすことができます．」

明子さんが

「向きづけができない曲面に対しても，似たような表わし方はあるのですか．」

と聞いた．

「向きづけができない曲面は，もともと3次元の中で実現できないものですから，こうした記号化も概念化してしまって，直観では捉えにくいものになります．たとえば明子さんは，aa は射影平面，$aabb$ はクラインの壺を表わしていることがわかりますか．」

と先生が逆に明子さんに質問された．明子さんはノートに図を書いて考えていたが

「aa が射影平面を表わしていることは図のようにしてわかりますが，クラインの壺はこの表わし方では $aba^{-1}b$ となるのではないでしょうか．」

と不審そうな顔で聞いた．

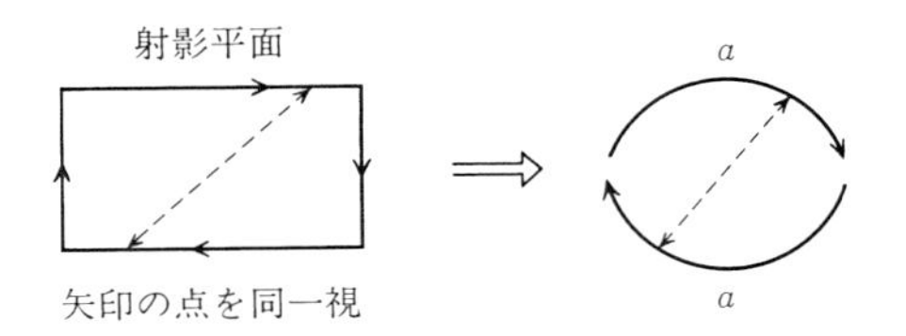

「そうですね．ふつうのクラインの壺の貼り方は $aba^{-1}b$ と表わされるのですが，$aabb$ と表わすこともできるのです．ここでは $aabb$ から $a'b'a'^{-1}b'$ へと変形する切り貼りの仕方を書いてみましょう．」

そういって先生はていねいに図を書かれたが，明子さんはこのとき先生が黒板の上で手品をしているような錯覚に一瞬襲われた．

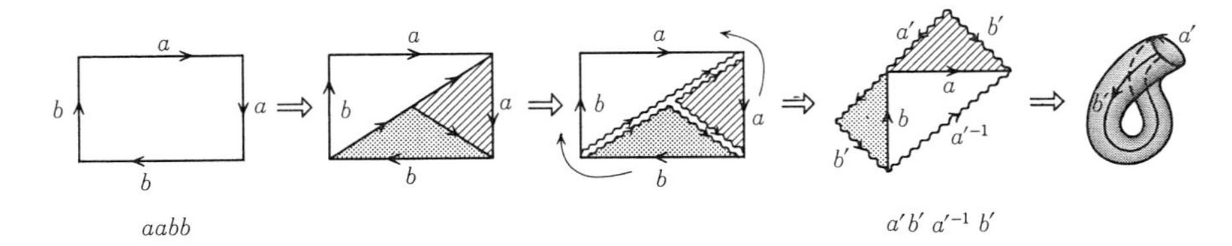

先生が言葉をついで

「向きづけ不可能な曲面の標準形は

$$a_1a_1a_2a_2\cdots a_qa_q \qquad (8)$$

となります．130 頁の定理との対応でいいますと，$K\#T_1\#\cdots\#T_g$ と表わされるのは $q=2g+2$ のときで，$P\#T_1\#\cdots\#T_g$ と表わされるのは $q=2g+1$ のときです．なお，$P\#K$ は $P\#T_1$ と同相になることが知られていますが，これについてはたとえば加藤十吉『位相幾何学』(裳華房)を参照してみて下さい．」

といわれた．小林君がノートを見ながら

「向きづけ可能な曲面のときには，オイラーの公式の一般の形がどんなものかはわかりましたが，向きづけ不可能な曲面に対しても似たような公式はあるのでしょうか．」

と質問した．

「向きづけ不可能な曲面は，標準形(8)で表わされることがわかると，ここに現われている q を使って，この場合の“オイラーの公式”は

$$p-q+r=2-q$$

となります．クラインの壺のときはqは2で右辺は0となり，射影平面のときはqは1で右辺は1となります．これは前に三角形分割を使って計算した値と一致していますね．」

皆は，クラインの壺の三角形の貼り方を手品のように変えた図が，まだ消されずに黒板に残っているのを見ているだけに，どんな三角形分割をとっても，$p-q+r$が一定だということに，改めて不思議な感じを味わっていた．

黙って皆の話を聞いていたかず子さんが，ふと思い出したように質問した．

「ポアンカレが代数的な方法を導入して，それ以来トポロジーという研究分野が大きく発展するようになったということですが，代数的な方法とはどんなものなのですか．」

先生は少し小首を傾けるようにして考えておられたが，それから次のように話された．

「図形の中から代数的なものを取り出すのはポアンカレによって試みられたのですが，そこには単に幾何学的な直観だけではなくて，何か数学という学問のもつ直視力とでもいうべきものが働いたようです．この直視力のよって立つ場所はそれほど明らかなものではありませんから，トポロジー，とくに代数的トポロジーを最初に学ぶときには，いまでも戸惑うことが多いようです．

向きづけ可能な曲面Sに対して，このポアンカレの考えの大体を説明してみましょう．Sを三角形分割して

$\{a_1, a_2, \cdots, a_p\}$　：頂点の全体

$\{\lambda_1, \lambda_2, \cdots, \lambda_q\}$　：辺の全体

$\{\triangle_1, \triangle_2, \cdots, \triangle_r\}$：三角形の全体

とします．$\triangle_1, \triangle_2, \cdots, \triangle_r$には互いに整合している1つの向きを決めておきます．このとき，各辺にも自然に向きが決まります．この素材から，ポアンカレは大胆に次の3つの群をつくりました．

$$C^0(\triangle) = \{a_1, a_2, \cdots, a_p\} \text{ から生成された加群}$$

$$C^1(\triangle) = \{\lambda_1, \lambda_2, \cdots, \lambda_q\} \text{ から生成された加群}$$

$$C^2(\triangle) = \{\triangle_1, \triangle_2, \cdots, \triangle_r\}\text{ から生成された加群}$$

ここで加群と書いたのは，たとえば $C^2(\triangle)$ の元は1通りに

$$\alpha = m_1\triangle_1 + m_2\triangle_2 + \cdots + m_r\triangle_r \qquad (m_i\text{ は整数})$$

と表わされるもので，α と $\beta = n_1\triangle_1 + \cdots + n_r\triangle_r$ の加法は

$$\alpha + \beta = (m_1+n_1)\triangle_1 + (m_2+n_2)\triangle_2 + \cdots + (m_r+n_r)\triangle_r$$

と定義されているものです．（なお $-\triangle_i$ は $\triangle_i$ の向きを負にしたものと考えることにします．）

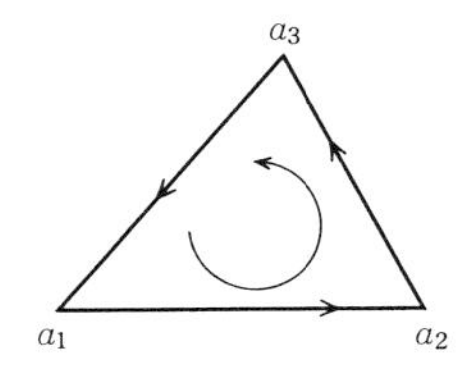

次に境界作用素 $\partial : C^2(\triangle) \to C^1(\triangle)$，$\partial : C^1(\triangle) \to C^0(\triangle)$ を，たとえば図の三角形に対して

$$\partial\langle a_1\ a_2\ a_3\rangle = \langle a_2\ a_3\rangle - \langle a_1\ a_3\rangle + \langle a_1\ a_2\rangle$$

$$\partial\langle a_1\ a_2\rangle = a_2 - a_1$$

のように定義します．1点 a に対しては $\partial\langle a\rangle = 0$ とおきます．

そうした上で，1次元（辺）の場合でいえば，$C^1(\triangle)$ の中で

$$\partial(m_1\lambda_1 + \cdots + m_q\lambda_q) = 0$$

をみたすものをサイクルといって，その全体 $Z^1(\triangle)$ に注目するのです．$Z^1(\triangle)$ もまた加群になります．しかし $Z^1(\triangle)$ の元が直接，図形の同相の考えと結びつくわけではありません．さらに $\alpha, \beta \in Z^1(\triangle)$ のとき

$$\alpha - \beta = \partial(l_1\triangle_1 + \cdots + l_q\triangle_q)$$

と表わされるとき，α と β は同じホモロジー類を定義するといって，このホモロジー類によって曲面の中にある“位相不変量”を取り出そうとしたのです．

かず子さんの質問に答えるために，少し詳しく話してしまいましたが，それでもこれだけの話では何のことかよくわからないでしょう．ここではどんな素材を使って代数的なトポロジーが構成されていくかという感じだけでも知ってもらえばよいのです．もう少し勉強してみたい人は，たとえば田村一郎『トポロジー』（岩波書店）を見てみられるとよいでしょう．」

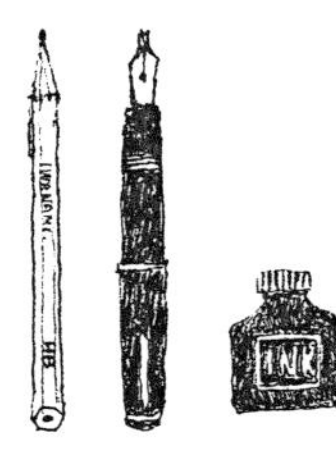

問　題

［1］ 長方形 ABA′B′ で対辺 AB と B′A′ の向きを逆にして貼り合わせて得られる帯をメービウスの帯という．下の図を参考にして，クラインの壺 K はメービウスの帯を 2 つ貼り合わせて得られることを示しなさい．

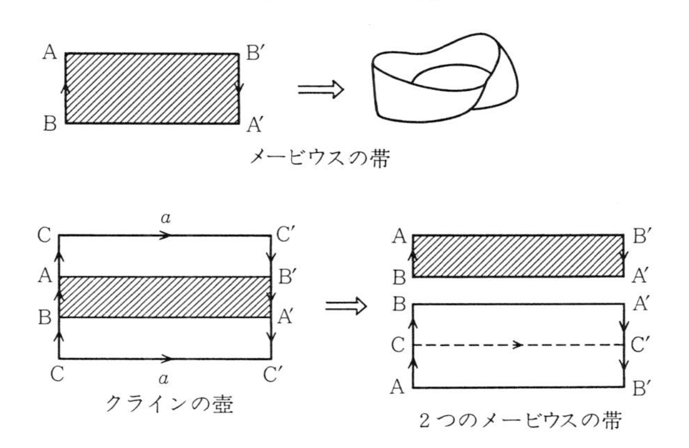

［2］ 下の図を参考にして，射影平面 P はメービウスの帯のふちに沿って円板を貼ることにより得られることを示しなさい．

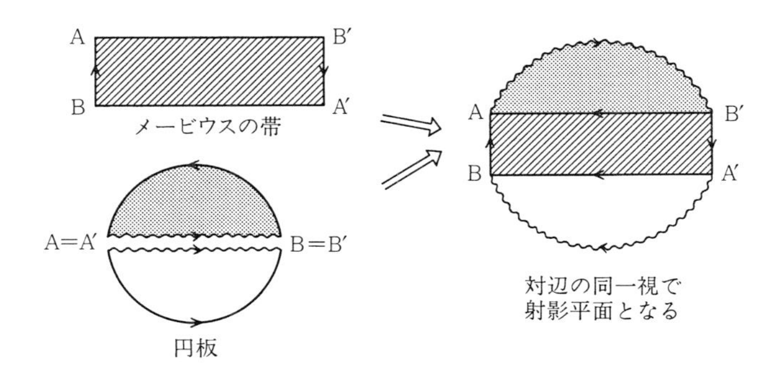

［3］ $P \# P = K$ を示しなさい．

お茶の時間

質問　クラインの壺は 3 次元の空間の中で無理につくろうとするから交わってしまうので，4 次元の空間の中でつくればごく自然に交わることなくつくれると聞いたことがありますが，これはどういうことなのでしょうか．

答 4次元の空間というのは，数学的には4個の実数 (x_1, x_2, x_3, x_4) を座標としてもつ点全体のつくる空間である．4次元の空間をここでSF的に空想してもはじまらないので

3次元 (x_1, x_2, x_3)

4次元 (x_1, x_2, x_3, x_4)

と対応させて考えることにしよう．そして3次元の中の1次元というと曲線だから，それを4次元の中の2次元の曲面と対応させて考えることにする．

3次元の中の2本の曲線が，たまたま $(x_1, x_2, 0)$ で表わされる平面 $\boldsymbol{R}^2$ 上にあって，ある点Pで交わっているとする．2本の道路が交わって，そこでいつも交通渋滞が起きる様子を想像してみることにしよう．交通渋滞をなくするには，一方の道路を高架にして，もう一方の道路をまたがせてしまうとよい．曲線でいえば，一方の曲線を点Pの近くで (x_1, x_2, x_3), $x_3>0$ となるように少し“上の方へ”ずらせばよいのである．

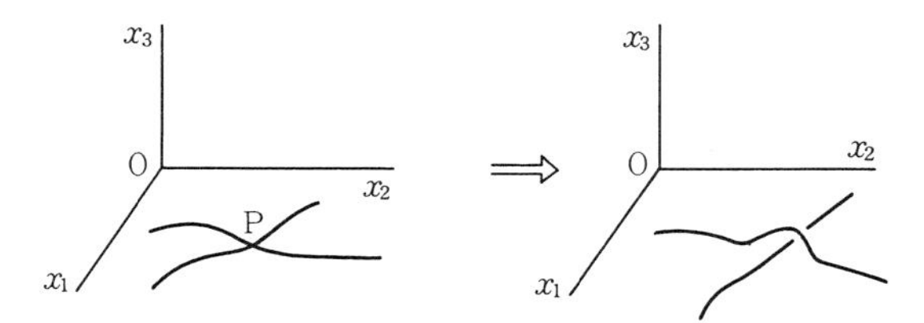

クラインの壺でも同じように，図のクラインの壺は $\boldsymbol{R}^4$ の中でとくに $(x_1, x_2, x_3, 0)$ で表わされる範囲で描かれていると考えるのである．

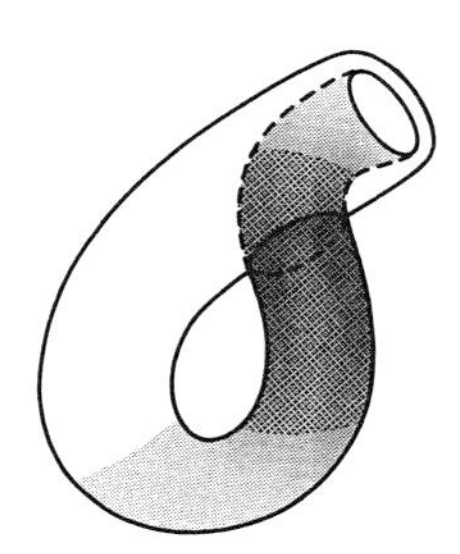

このときカゲをつけた部分を“高架”$(x_1, x_2, x_3, x_4), x_4>0$，としてまたがせれば，クラインの壺の交わりは外されてしまうだろう．

射影平面も4次元の中では交わりのない形で表わすことができるのだが，これはクラインの壺のときと違ってあまり簡単に説明することはできない．

土曜日

多様な姿を支える場

先生の話

今週は曲面の研究の流れを追って話をしてきました．その流れには2つあって，1つはオイラー，モンジュ，ガウス，リーマンへと移行しながら微分幾何学へとつながる道であり，もう1つはオイラーからポアンカレを経て，20世紀になって抽象代数学の方法を積極的に取り入れることによってトポロジーへと発展していく道です．この2つは同じ曲面という源から発してきたとは思えないほど，その研究のテーマも，また方法も，まったく異なる方向へ向けて独自な道を進むことになり，1930年代までにはそれぞれが数学の中で大きな専門分野をつくるにいたりました．この立脚点の違いは，リーマンが目指し，またポアンカレが最初から Analysis situs の研究対象とした高次元の空間へと理論が展開するにつれ，ある意味ではますます顕著なものになったといってもよかったのです．

しかし微分幾何学もトポロジーも，その源はともに曲面という共通の基盤の上にありました．テーマや方法の違いはあったとしても，直観を支えているこの共通の基盤が変わるということはなかったのです．理論が進めばそれぞれの専門分野内部の分化は進みますが，それと同時に必然的に総合的な視点も求められるようになってきます．この総合的な視点は2次元の曲面を直観の拠り所としながら，すでに高次元の世界を数学の対象として取りこんでいました．それはリーマンによって予言されていた道でした．やがて微分幾何学もトポロジーもともに包括するような総合的な場が数学の中で育ってきました．それは多様体の誕生を意味します．

多様体とは，ひとことでいえば高次元の曲面なのです．多様体は高次元のもつ抽象性を深く内蔵し，その抽象性が数学の自由な働きを助けます．多様体は20世紀後半になって，数学全体を支えているといってよいほど大きな広がりをもつ場となってきましたが，そこでは幾何学的な直観が高度に抽象化された概念と結びついて，豊饒な数学的世界を現出しているのです．

しかしこう話してみても，皆さんは何か霧の彼方にある山を指し示されているようで，はっきりしない感じをもたれるでしょう．多様体について本当に理解するためには，現代数学そのものを理解することが必要になってきます．だが，それはこの物語の枠をはるかにこえたものになってしまいます．今日は6週間にわたる物語の終章として，曲面概念の拡張という視点から，多様体についてその概念をごく簡単に述べてみることにしましょう．それが現代数学への接点になればよいがと思っています．

曲面上の局所座標系

いままで話してきた曲面概念の中から，多様体の概念が生まれてくる過程を追うために，まず曲面の表示についての月曜日の話を思い出すところからはじめよう．

3次元空間$\boldsymbol{R}^3$の中にある曲面Sを考えることにする．Sは十分小さい範囲に限ってみれば，平面の一部分を切り取って曲げたようなものだから，そのことを月曜日，17頁では局所座標の定義として採用したのである．それを再記すると次のようになる．

uv-座標平面の領域Dから，Sのある範囲Vの上への1対1の連続写像φが与えられたとき，$\{(u,v),\varphi\}$をV上の局所座標という．Vの点Pに対し，$\varphi(u,v)=P$となっているとき，(u,v)をPの局所座標という．

このとき，$\boldsymbol{R}^3$の座標(x,y,z)を用いてVの点を表わしておくと

$$x=x(u,v),\quad y=y(u,v),\quad z=z(u,v)$$

と表わされ，x,y,zはu,vの連続関数となっている．

曲面Sの各点のまわりは，このように局所座標によって表わされているが，私たちは各点のまわりから，S全体へと視線を移して，Sがこのようないくつかの局所座標で完全に“おおわれている”状況を把握しておきたい．

そのため説明のしやすさということもあって，局所座標を次のように選ぶことにしておこう．uv-座標平面の単位円の内部をD，原

点中心，半径2の円の内部を $\tilde{D}$ とする．すなわち

$$D = \{(u,v) \mid u^2+v^2<1\}, \quad \tilde{D} = \{(u,v) \mid u^2+v^2<4\}$$

とする．$\tilde{D}$ から S の中への1対1連続写像 $\tilde{\varphi}$ があったとき，私たちはこの $\tilde{\varphi}$ を **D の上だけで考える**ことにして，$\varphi(D)=V$ とおき，この φ を**局所座標写像**，V を**(局所)座標近傍**という．(このように φ を，$\tilde{D}$ 上で定義されている写像 $\tilde{\varphi}$ で包んでおいた方がよいのは，こうしておくと D の境界のあたりの対応に不安がないからである.)

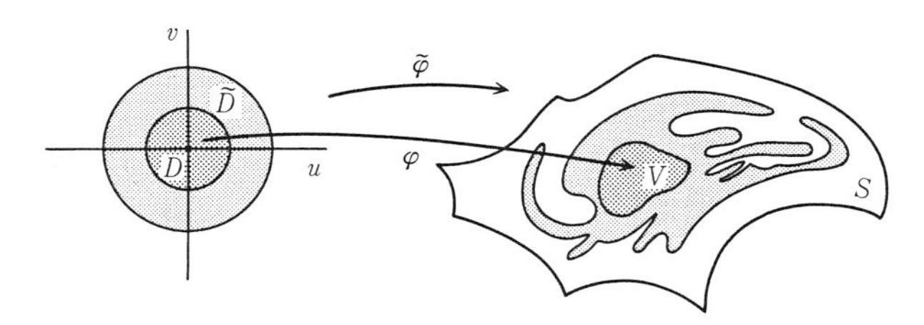

曲面というとクラインの壺や射影平面のようなものもあるけれど，これからはわかりやすくするため曲面 S は $\boldsymbol{R}^3$ の中の有界な閉集合となっているときを考えることにする．(すなわち，S の点はすべて $\boldsymbol{R}^3$ の原点から一定の距離以内にあって，S の点列 $\{P_n\}$ が $n\to\infty$ のとき1点 P に収束するならば，$P\in S$ となっている.)　このとき S は，有限個の局所座標近傍によって

$$S = V_1 \cup V_2 \cup V_3 \cup \cdots \cup V_\lambda$$

とおおわれる．この右辺が与える局所座標の全体を S の**局所座標系**という．

いまここで一般的な立場でよく用いられる次のような記法を導入しておこう：

> V_α 上の局所座標を (u,v) と書くかわりに $(x_\alpha{}^1, x_\alpha{}^2)$ と書く．

そうすると V_α の点は座標 $(x_\alpha{}^1, x_\alpha{}^2)$ によって，また V_β の点は座標 $(x_\beta{}^1, x_\beta{}^2)$ によって記述されることになる．曲面 S は $V_1, V_2, \cdots, V_\lambda$ という λ 個の日傘でおおわれているようなものである．日傘は互いに重なり合っているが，1つの日傘 V_α におおわれた部分には，1つの座標 $(x_\alpha{}^1, x_\alpha{}^2)$ が導入されているのである．

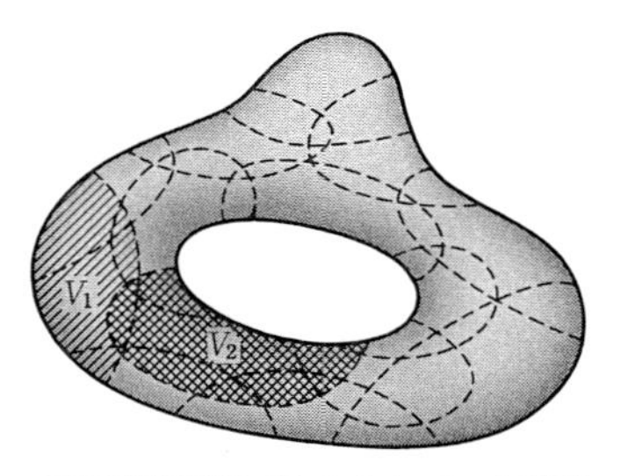

局所座標近傍でおおわれている様子

いま2つの座標近傍 V_α, V_β が交わっているとする．このとき $P \in V_\alpha \cap V_\beta$ に対し，P は V_α の点と考えれば $(x_\alpha{}^1, x_\alpha{}^2)$ と表わされ，V_β の点と考えれば $(x_\beta{}^1, x_\beta{}^2)$ と表わされる．したがってここに局所座標の変換を表わす関係

$$x_\beta{}^1 = x_\beta{}^1(x_\alpha{}^1, x_\alpha{}^2), \qquad x_\beta{}^2 = x_\beta{}^2(x_\alpha{}^1, x_\alpha{}^2) \tag{1}$$

が生じてくる．

♣　この式は $V_\alpha \cap V_\beta$ 上で，$x_\beta{}^1, x_\beta{}^2$ はそれぞれ $x_\alpha{}^1, x_\alpha{}^2$ の関数として表わされていることを書いたものであるが，記号になれないとわかりにくいかもしれない．例で説明しておこう．球面 $x^2+y^2+z^2=1$ で $z>0$ の範囲(北半球)は局所座標として (x, y) をとることができ，そこで球面は $z=\sqrt{1-x^2-y^2}$ と表わされる．北半球を V_α と書き $x_\alpha{}^1=x$, $x_\alpha{}^2=y$ と書くといまの記法にしたがったことになる．また東半球 $y>0$ を V_β とし，ここで局所座標を $x_\beta{}^1=x$, $x_\beta{}^2=z$ と書くと，ここで球面は $y=\sqrt{1-x^2-z^2}$ と表わされる．$V_\alpha \cap V_\beta$ における局所座標 $(x_\alpha{}^1, x_\alpha{}^2)$ から $(x_\beta{}^1, x_\beta{}^2)$ への変換は

$$x_\beta{}^1 = x_\alpha{}^1$$

$$x_\beta{}^2 = \sqrt{1-(x_\alpha{}^1)^2-(x_\alpha{}^2)^2}$$

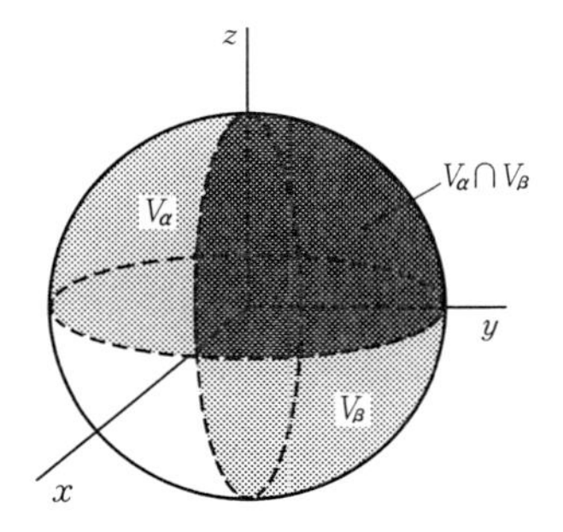

と表わされる．

定義　(1)を，$V_\alpha \cap V_\beta$ 上で定義された，$(x_\alpha{}^1, x_\alpha{}^2)$ から $(x_\beta{}^1, x_\beta{}^2)$ への**局所座標の変換則**という．

(1)の右辺は $x_\alpha{}^1, x_\alpha{}^2$ について連続な関数である．同じように，$V_\alpha \cap V_\beta$ 上で $(x_\beta{}^1, x_\beta{}^2)$ から $(x_\alpha{}^1, x_\alpha{}^2)$ への局所座標の変換則 $x_\alpha{}^1 = x_\alpha{}^1(x_\beta{}^1, x_\beta{}^2)$，$x_\alpha{}^2 = x_\alpha{}^2(x_\beta{}^1, x_\beta{}^2)$ を考えることができる．

♣　すぐ上に述べた例では

$$x_\alpha{}^1 = x_\beta{}^1$$

$$x_\alpha{}^2 = \sqrt{1-(x_\beta{}^1)^2-(x_\beta{}^2)^2}$$

となっている．

位相多様体

曲面をこのように局所座標近傍を，局所座標の変換則を用いて貼り合わせたものとみると多少話が形式的な方向に向いてくるが，そのかわり空間的イメージを求めるというような感じがあまりなくなってくる．ここで変数の個数を増やしさえすれば，高次元における曲面の拡張が得られるに違いない．それがこれから述べようとする位相多様体の定義の意味である．話はこの段階で抽象性を帯びてくる．

いま N 次元ユークリッド空間 $\boldsymbol{R}^N$ を考える．$\boldsymbol{R}^N$ は $(x_1, x_2, \cdots, x_N)$ という N 個の実数の組全体のつくる集合 $x=(x_1, x_2, \cdots, x_N)$ と $y=(y_1, y_2, \cdots, y_N)$ の距離を $\sqrt{(x_1-y_1)^2+\cdots+(x_N-y_N)^2}$ で与えたものである．

定義　M を $\boldsymbol{R}^N$ の有界な閉集合とする．自然数 n $(<N)$ を適当にとると，M の各点のまわりに，$\boldsymbol{R}^n$ の開集合と1対1に連続に対応する範囲があるとき，M を n 次元の**位相多様体**という．

M を n 次元の位相多様体とする．このとき M は各点のまわりで局所座標近傍をもつが，M は有限個のこのような座標近傍でおおうことができる．それは M が $\boldsymbol{R}^N$ の有界な閉集合と仮定していたからである．曲面のときと同じように，この座標近傍は次のようにとっておいた方がつごうがよい．

いま $\boldsymbol{R}^n$ の単位球の内部を D^n，原点中心，半径 2 の球の内部を $\tilde{D}^n$ とする：

$$D^n = \{(x_1, x_2, \cdots, x_n) \mid {x_1}^2 + {x_2}^2 + \cdots + {x_n}^2 < 1\}$$
$$\tilde{D}^n = \{(x_1, x_2, \cdots, x_n) \mid {x_1}^2 + {x_2}^2 + \cdots + {x_n}^2 < 4\}$$

このとき，$\tilde{D}^n$ から M の中への 1 対 1 連続写像 $\tilde{\varphi}$ を，D^n 上に限って考えたものを φ とする．このとき

$$\varphi(D^n) = V$$

を，M の（局所）座標近傍という．$P \in V$ に対しては，D^n の点 $(x_1, x_2, \cdots, x_n)$ で

$$\varphi(x_1, x_2, \cdots, x_n) = P$$

をみたすものがただ 1 つ存在している．この $(x_1, x_2, \cdots, x_n)$ を P を表わす V 上の局所座標として採用するのだが，記号を区別するために添数 $1, 2, \cdots, n$ を上につけて，このとき P の局所座標は $(x^1, x^2, \cdots, x^n)$ であるということにしよう．

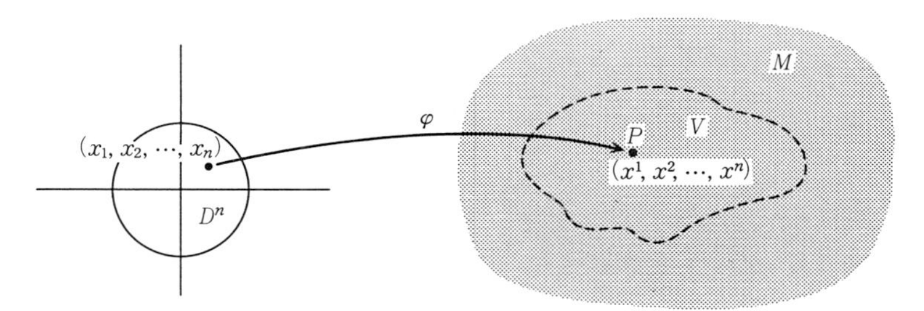

M は有限個のこのような局所座標でおおうことができる：

$$M = V_1 \cup V_2 \cup \cdots \cup V_\lambda \tag{2}$$

V_α 上の局所座標を，これも曲面のときと同じように α を下の添数としてつけて

$$({x_\alpha}^1, {x_\alpha}^2, \cdots, {x_\alpha}^n) \tag{3}$$

と表わし，どこで考えているかをはっきりさせることにしよう．

$V_\alpha \cap V_\beta \neq \phi$ のときには，$V_\alpha \cap V_\beta$ 上で α 座標から β 座標への**局所座標の変換則**

$$x_\beta^1 = x_\beta^1(x_\alpha^1, x_\alpha^2, \cdots, x_\alpha^n)$$
$$\cdots\cdots\cdots$$
$$x_\beta^n = x_\beta^n(x_\alpha^1, x_\alpha^2, \cdots, x_\alpha^n)$$

が成り立っている．これらは $x_\alpha^1, x_\alpha^2, \cdots, x_\alpha^n$ の連続関数となっている．おのおのの座標近傍 V_α 上に局所座標(3)が与えられているとき，(2)を M の**局所座標系**という．

滑らかな多様体

位相多様体の定義は，曲面の中から局所座標という考えを抽出してきて，眼を高次元へと向けるとごく自然に生まれてくるものだが，この概念の中にはたとえば $\boldsymbol{R}^{1000}$ の中の 382 次元の位相多様体などというものも含まれてくるようになって，何か茫漠とした世界へと誘われていくようなものがある．位相多様体の定義の形は具象的なものを指し示しているようであるが，含まれている内容は抽象的なものである．さらに 1 対 1 の連続写像という概念が捉えどころがない．連続性の概念は，積分のような総合的な視点へと移行していくときにはごく自然なものとなってくるのだが(第 3 週参照)，各点のまわりの幾何学的な性質を調べようとするときには，一般的には粗すぎるのである．1 次元の連続曲線でも尖点がでたり，鋭い波が繰り返し無限に波打って 1 点に近づいていくような状況がおきるが，このような状況は高次元では複合されてさらに複雑になっているに違いない．それを確実に捉え，記述する手段はほとんどないといってよいのである．

そのため私たちは C^∞-級の正則な曲面の概念を一般化することを考えてみよう．正則な曲面は私たちがふだん見なれている曲面であるし，また水曜日，木曜日とみてきたように，そこにはいろいろな解析的な方法を導入して調べていくことができる．したがってこれは今の段階ではあくまで予想にすぎないけれど，正則な曲面の高次元への一般化は解析を通して豊かな数学の宝庫となって，位相多様体のもつ空漠とした感じを取り除いてくれるに違いない．

そのためまず n 次元の位相多様体 M を考え，M の局所座標系を

$$\begin{cases} M = V_1 \cup V_2 \cup \cdots \cup V_\lambda \\ \text{局所座標写像 } \varphi_\alpha : D \to V_\alpha \end{cases}$$

とする．この V_α 上の局所座標を与える写像を前のように

$$D \ni (x_1, x_2, \cdots, x_n) \xrightarrow{\varphi_\alpha} ({x_\alpha}^1, {x_\alpha}^2, \cdots, {x_\alpha}^n) \in V_\alpha$$

と表わす．$V_\alpha \subset M$ は $\boldsymbol{R}^N$ に含まれている集合なのだから，$\boldsymbol{R}^N$ の座標を区別するために大文字で

$$X_1, X_2, \cdots, X_N$$

と表わすことにすると，φ_α は D から $\boldsymbol{R}^N$ への写像と考えて

$$X_1(x_1, x_2, \cdots, x_n),\ X_2(x_1, x_2, \cdots, x_n),\ \cdots,\ X_N(x_1, x_2, \cdots, x_n)$$

と表わされる．この $(x_1, x_2, \cdots, x_n)$ に関する N 個の関数が C^∞-級の関数のとき，φ_α を**滑らかな局所座標写像**という．

♣　これから n 変数の関数のことを少し述べるが，これになれない読者は2変数関数からの類似で大体の感じをつかんでいただきたい．

さて，水曜日に与えた曲面の正則性の条件は，局所座標を与えるパラメータ u, v の走る u 曲線，v 曲線の接ベクトルが各点で1次独立であるということであった．対応する条件を述べようとすると次のようになるだろう．

いま V_α 上の1点 $P = ({a_\alpha}^1, {a_\alpha}^2, \cdots, {a_\alpha}^n)$ を考える．このとき $\boldsymbol{R}^N$ の中の n 個のベクトル

$$\boldsymbol{e}_\alpha{}^1 = \left(\frac{\partial X_1}{\partial {x_\alpha}^1}(P),\ \frac{\partial X_2}{\partial {x_\alpha}^1}(P),\ \cdots,\ \frac{\partial X_N}{\partial {x_\alpha}^1}(P)\right)$$

$$\boldsymbol{e}_\alpha{}^2 = \left(\frac{\partial X_1}{\partial {x_\alpha}^2}(P),\ \frac{\partial X_2}{\partial {x_\alpha}^2}(P),\ \cdots,\ \frac{\partial X_N}{\partial {x_\alpha}^2}(P)\right)$$

$$\cdots\cdots\cdots$$

$$\boldsymbol{e}_\alpha{}^n = \left(\frac{\partial X_1}{\partial {x_\alpha}^n}(P),\ \frac{\partial X_2}{\partial {x_\alpha}^n}(P),\ \cdots,\ \frac{\partial X_N}{\partial {x_\alpha}^n}(P)\right)$$

は，それぞれ $x_\alpha{}^1$-曲線，$x_\alpha{}^2$-曲線，…，$x_\alpha{}^n$-曲線の点 P における接ベクトルとなっている．この $\boldsymbol{e}_\alpha{}^1, \boldsymbol{e}_\alpha{}^2, \cdots, \boldsymbol{e}_\alpha{}^n$ が各点 P で1次独立となっているという条件が，曲面の正則性に対応する条件である．

そこで次の定義をおく．

定義 n 次元の位相多様体 M の局所座標写像が滑らかで，各 V_α 上の各点で $\boldsymbol{e}_\alpha{}^1, \boldsymbol{e}_\alpha{}^2, \cdots, \boldsymbol{e}_\alpha{}^n$ がつねに1次独立のとき，M を**滑らかな多様体**という．

したがって n 次元の滑らかな多様体とは，$\boldsymbol{R}^N$ の“n 次元曲面”で，各点で n 個の独立な接線方向に“方向指示”を与えるベクトル $(\boldsymbol{e}_\alpha{}^1, \boldsymbol{e}_\alpha{}^2, \cdots, \boldsymbol{e}_\alpha{}^n)$ が存在しているようなものである．

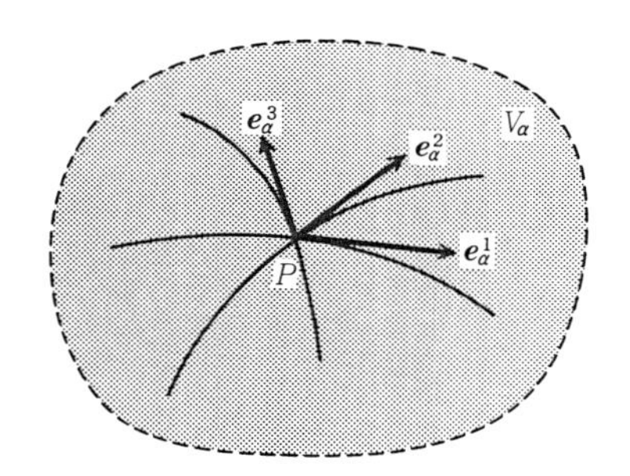

接ベクトル

n 次元の滑らかな多様体 M 上には，各点 P で“方向指示”$(\boldsymbol{e}_\alpha{}^1, \boldsymbol{e}_\alpha{}^2, \cdots, \boldsymbol{e}_\alpha{}^n)$ があるという状況は大体納得していただけると思うが，

$$P \in V_\alpha \cap V_\beta$$

のとき，V_β 上の局所座標方向の接線が示す“方向指示”$(\boldsymbol{e}_\beta{}^1, \boldsymbol{e}_\beta{}^2, \cdots, \boldsymbol{e}_\beta{}^n)$ は，当然 V_α 上で考えた $(\boldsymbol{e}_\alpha{}^1, \boldsymbol{e}_\alpha{}^2, \cdots, \boldsymbol{e}_\alpha{}^n)$ と別の方向を指し示しているだろう．1点 P におけるこの2つの n 個のベクトル

$$(\boldsymbol{e}_\alpha{}^1, \boldsymbol{e}_\alpha{}^2, \cdots, \boldsymbol{e}_\alpha{}^n), \quad (\boldsymbol{e}_\beta{}^1, \boldsymbol{e}_\beta{}^2, \cdots, \boldsymbol{e}_\beta{}^n) \qquad (4)$$

の関係はどんな式で与えられているのだろうか．

一般の n 次元で表わすと記号が複雑になってわかりにくいかもしれないので，M が $\boldsymbol{R}^3$ の中の正則曲面（2次元！）の場合にこの記

号にしたがって表わして，2つのベクトルの組(4)の関係を調べてみよう．このときは

$$\boldsymbol{e}_{\alpha}{}^{1} = \left(\frac{\partial X_1}{\partial x_{\alpha}{}^{1}}, \frac{\partial X_2}{\partial x_{\alpha}{}^{1}}, \frac{\partial X_3}{\partial x_{\alpha}{}^{1}}\right), \qquad \boldsymbol{e}_{\alpha}{}^{2} = \left(\frac{\partial X_1}{\partial x_{\alpha}{}^{2}}, \frac{\partial X_2}{\partial x_{\alpha}{}^{2}}, \frac{\partial X_3}{\partial x_{\alpha}{}^{2}}\right) \quad (5)$$

と

$$\boldsymbol{e}_{\beta}{}^{1} = \left(\frac{\partial X_1}{\partial x_{\beta}{}^{1}}, \frac{\partial X_2}{\partial x_{\beta}{}^{1}}, \frac{\partial X_3}{\partial x_{\beta}{}^{1}}\right), \qquad \boldsymbol{e}_{\beta}{}^{2} = \left(\frac{\partial X_1}{\partial x_{\beta}{}^{2}}, \frac{\partial X_2}{\partial x_{\beta}{}^{2}}, \frac{\partial X_3}{\partial x_{\beta}{}^{2}}\right) \quad (5)'$$

を考えることになる．$x_{\beta}{}^{i} = x_{\beta}{}^{i}(x_{\alpha}{}^{1}, x_{\alpha}{}^{2})$ $(i=1,2)$ という局所座標の変換則を使ってみると，たとえば $\boldsymbol{e}_{\beta}{}^{1}$ の第1成分

$$\frac{\partial X_1}{\partial x_{\beta}{}^{1}}$$

は，

$$\frac{\partial X_1}{\partial x_{\beta}{}^{1}} = \frac{\partial X_1}{\partial x_{\alpha}{}^{1}}\frac{\partial x_{\alpha}{}^{1}}{\partial x_{\beta}{}^{1}} + \frac{\partial X_1}{\partial x_{\alpha}{}^{2}}\frac{\partial x_{\alpha}{}^{2}}{\partial x_{\beta}{}^{1}} = \sum_{j=1}^{2}\frac{\partial X_1}{\partial x_{\alpha}{}^{j}}\frac{\partial x_{\alpha}{}^{j}}{\partial x_{\beta}{}^{1}}$$

となる．これと同様の式が，X_2, X_3 を微分した式で成り立つので，(5)と(5)′を使ってベクトル記号でまとめると

$$\boldsymbol{e}_{\beta}{}^{1} = \sum_{j=1}^{2}\frac{\partial x_{\alpha}{}^{j}}{\partial x_{\beta}{}^{1}}\boldsymbol{e}_{\alpha}{}^{j}$$

と表わされることがわかる．同様に

$$\boldsymbol{e}_{\beta}{}^{2} = \sum_{j=1}^{2}\frac{\partial x_{\alpha}{}^{j}}{\partial x_{\beta}{}^{2}}\boldsymbol{e}_{\alpha}{}^{j}$$

が成り立つ．

このことからの類推で，(4)の間に一般に座標変換によってひき起こされる関係式

$$\boldsymbol{e}_{\beta}{}^{i} = \sum_{j=1}^{n}\frac{\partial x_{\alpha}{}^{j}}{\partial x_{\beta}{}^{i}}\boldsymbol{e}_{\alpha}{}^{j} \qquad (i=1,2,\cdots,n) \qquad (6)$$

が成り立つことがわかるだろう．

♣　これに似たような変換式が微分幾何学の本(とくにテンソルを書いた部分)や多様体の本を見ると，たくさん出てきて辟易させるのである．この式は

$$J(x_\beta/x_\alpha) = \begin{pmatrix} \dfrac{\partial x_\beta{}^1}{\partial x_\alpha{}^1} & \cdots & \dfrac{\partial x_\beta{}^1}{\partial x_\alpha{}^n} \\ & \cdots & \\ \dfrac{\partial x_\beta{}^n}{\partial x_\alpha{}^1} & \cdots & \dfrac{\partial x_\beta{}^n}{\partial x_\alpha{}^n} \end{pmatrix}$$

として n 次の行列(ヤコビ行列!)を導入しておくと,

$$J(x_\beta/x_\alpha)^{-1} = J(x_\alpha/x_\beta)$$

であって

$$(\boldsymbol{e}_\beta{}^1, \cdots, \boldsymbol{e}_\beta{}^n) = (\boldsymbol{e}_\alpha{}^1, \cdots, \boldsymbol{e}_\alpha{}^n)J(x_\beta/x_\alpha)^{-1}$$

となってずいぶん見やすくなる. 線形代数の考え方が, 高次元では非常に有効に使われてくるのである.

点 $P \in V_\alpha$ において, n 個の1次独立なベクトル $\{\boldsymbol{e}_\alpha{}^1(P), \boldsymbol{e}_\alpha{}^2(P), \cdots, \boldsymbol{e}_\alpha{}^n(P)\}$ によってただ1通りに表わされる $\boldsymbol{R}^N$ のベクトル

$$\xi_\alpha{}^1\,\boldsymbol{e}_\alpha{}^1(P) + \xi_\alpha{}^2\,\boldsymbol{e}_\alpha{}^2(P) + \cdots + \xi_\alpha{}^n\,\boldsymbol{e}_\alpha{}^n(P) \qquad (7)$$

を, 点 P における**接ベクトル**ということにする.

いま点 P が, V_α と V_β に共通に含まれているとき, P における V_β 上の接ベクトル——それは $\boldsymbol{e}_\beta{}^i$ $(i=1,2,\cdots,n)$ の1次結合で表わされている——は, (6)を見ると, $\boldsymbol{e}_\alpha{}^j$ $(j=1,2,\cdots,n)$ の1次結合として(7)の形に表わされることがわかる. この関係をみてみるため, V_β 上の点 P における接ベクトル

$$\boldsymbol{a} = \xi_\beta{}^1\boldsymbol{e}_\beta{}^1 + \xi_\beta{}^2\boldsymbol{e}_\beta{}^2 + \cdots + \xi_\beta{}^n\boldsymbol{e}_\beta{}^n = \sum_{i=1}^n \xi_\beta{}^i\boldsymbol{e}_\beta{}^i$$

に対し, (6)を用いると

$$\boldsymbol{a} = \sum_{i=1}^n \xi_\beta{}^i\boldsymbol{e}_\beta{}^i = \sum_{i=1}^n\sum_{j=1}^n \frac{\partial x_\alpha{}^j}{\partial x_\beta{}^i}\xi_\beta{}^i\boldsymbol{e}_\alpha{}^j = \sum_{j=1}^n\left(\sum_{i=1}^n \frac{\partial x_\alpha{}^i}{\partial x_\beta{}^j}\xi_\beta{}^j\right)\boldsymbol{e}_\alpha{}^i$$

と表わされることがわかる. この右辺は(7)に等しいのだから, したがって接ベクトルの成分は変換則

$$\xi_\alpha{}^i = \sum_{j=1}^n \frac{\partial x_\alpha{}^i}{\partial x_\beta{}^j}\xi_\beta{}^j$$

をみたしている.

局所座標による偏微分

このようにして滑らかな多様体の概念を導入したが，ガウスからリーマンへの道が示すように，できれば“外の空間”$\boldsymbol{R}^N$ から M を独立に取り出して，M 自身のもつ内部構造だけに注目したいのである．M が $\boldsymbol{R}^N$ の中のどこに，どのようにおかれていても M のもつ性質が変わるわけではないという見方をもっと鮮明なものにしたいのである．

この方向に向かって進むために，M の性質を記述するのに M の局所座標を用いるという立場をとることにしよう．そこでまず M 上の実数値連続関数 $f(P)$ が $\boldsymbol{C}^\infty$**-級**ということを，各 V_α 上で次のことが成り立つことであると定義しておこう：

$P \in V_\alpha$ のとき，P を局所座標を用いて $P=(x_\alpha{}^1, x_\alpha{}^2, \cdots, x_\alpha{}^n)$ とすると

$$f(P) = f(x_\alpha{}^1, x_\alpha{}^2, \cdots, x_\alpha{}^n)$$

は，$x_\alpha{}^1, x_\alpha{}^2, \cdots, x_\alpha{}^n$ の関数として C^∞-級である．すなわち，すべての階数の偏導関数が存在して，それらがすべて連続である．

M 上の連続関数 $f(P)$ が C^∞-級ならば，各 V_α 上で局所座標 $(x_\alpha{}^1, x_\alpha{}^2, \cdots, x_\alpha{}^n)$ についての n 個の偏導関数

$$\frac{\partial f}{\partial x_\alpha{}^1},\ \frac{\partial f}{\partial x_\alpha{}^2},\ \cdots,\ \frac{\partial f}{\partial x_\alpha{}^n}$$

を考えることができる．したがってとくに $P \in V_\alpha \cap V_\beta$ のときには，私たちは点 P で局所座標 $(x_\alpha{}^1, x_\alpha{}^2, \cdots, x_\alpha{}^n)$ に関するものと，局所座標 $(x_\beta{}^1, x_\beta{}^2, \cdots, x_\beta{}^n)$ に関するものとの2つの偏導関数の値

$$\frac{\partial f}{\partial x_\alpha{}^1}(P),\ \frac{\partial f}{\partial x_\alpha{}^2}(P),\ \cdots,\ \frac{\partial f}{\partial x_\alpha{}^n}(P) \qquad (8)$$

と

$$\frac{\partial f}{\partial x_\beta{}^1}(P),\ \frac{\partial f}{\partial x_\beta{}^2}(P),\ \cdots,\ \frac{\partial f}{\partial x_\beta{}^n}(P) \qquad (9)$$

をもつことになる．

このとき(8)と(9)の関係はどうなっているのだろうか．これは局所座標の変換則 $x_\beta{}^i = x_\beta{}^i(x_\alpha{}^1, x_\alpha{}^2, \cdots, x_\alpha{}^n)$ と偏微分のルールからすぐに求められて，結果は

$$\frac{\partial f}{\partial x_\beta{}^i} = \sum_{j=1}^{n} \frac{\partial x_\alpha{}^j}{\partial x_\beta{}^i} \frac{\partial f}{\partial x_\alpha{}^j} \tag{10}$$

となる．

すなわち，関数 $f(P)$ に対して，局所座標の重なり目では，偏微分を計算するのにどちらの座標を使うかによって(8)と(9)が現われるが，それは(10)の関係によって結ばれている——貼り合わされている——のである！

1 つの転換

しかしここに注目すべき 1 つの事実が現われたのである．(10)を微分の働きだけに注意して

$$\frac{\partial}{\partial x_\beta{}^i} = \sum_{j=1}^{n} \frac{\partial x_\alpha{}^j}{\partial x_\beta{}^i} \frac{\partial}{\partial x_\alpha{}^j} \tag{11}$$

と書き直してみよう．そうすると(6)と見くらべてみると，ここで記号の入れかえ

$$\frac{\partial}{\partial x_\alpha{}^j} \longrightarrow \boldsymbol{e}_\alpha{}^j, \qquad \frac{\partial}{\partial x_\beta{}^i} \longrightarrow \boldsymbol{e}_\beta{}^i$$

をしてみると，(11)は(6)となっていることに気づくだろう．このことは，$P \in V_\alpha \cap V_\beta$ のとき，V_α 上での微分の仕方と，V_β 上での微分の仕方の間に成り立つ関係——貼り合わせ——は，局所座標の接ベクトルの間に成り立つ関係と同じものになっているのである．簡単にいえば(6)と(11)で使われている“糊”は同じである．

ところが(6)と(11)で，“糊”の使われている場所は確かに違っているのである．(6)は $\{\boldsymbol{e}_\alpha{}^1, \cdots, \boldsymbol{e}_\alpha{}^n\}$ と $\{\boldsymbol{e}_\beta{}^1, \cdots, \boldsymbol{e}_\beta{}^n\}$ の貼り合わせであるが，これらのベクトルは M から $\boldsymbol{R}^N$ の中へ向いているベクトルであり，いわば M の“外なる世界”に関係している．一方，(11)の方は“微分作用素” $\left\{\frac{\partial}{\partial x_\alpha{}^1}, \cdots, \frac{\partial}{\partial x_\alpha{}^n}\right\}$ と $\left\{\frac{\partial}{\partial x_\beta{}^1}, \cdots, \frac{\partial}{\partial x_\beta{}^n}\right\}$ の貼り

合わせであるが，ここでは M の上だけで定義された関数の微分だけが問題なのだから，いわば M の“内なる世界”だけに関係している．

ガウス，リーマンの思想を受け継いで，私たちが微分幾何もトポロジーも同じ視野の中で見ることができるような場を求めるとしたら，それは $\boldsymbol{R}^N$ の中にあることによってその存在が確かめられるようなものではなく，その場のもつ性質によって自立しているような場であることが望ましいだろう．$\boldsymbol{R}^N$ の中にある部分集合の中から，滑らかな局所座標系をもつものとして，私たちは滑らかな多様体を抽出してきたが，その中からこんどは，内部構造 $\left\{\frac{\partial}{\partial x_\alpha{}^1}, \cdots, \frac{\partial}{\partial x_\alpha{}^n}\right\}$ と $\left\{\frac{\partial}{\partial x_\beta{}^1}, \cdots, \frac{\partial}{\partial x_\beta{}^n}\right\}$ を貼り合わす糊が見出されたのである．このことは何か，それ自身ですでに十分自立している場を構成する手がかりを与えるものではないだろうか．

多様体の定義

このような考察の中から，自立した1つの場が誕生してきた．それは単に幾何学的な場であったというより，実は現代数学の展開を表現するような場となったのである．それは多様体とよばれるものであった．

ここではいままでの話の筋にしたがいながら，ごく簡単に多様体(正確にはコンパクトな滑らかな多様体)を導入する道順だけを記しておこう．この抽象的な設定の背後には，$\boldsymbol{R}^N$ の中にある滑らかな多様体が見え隠れしているのである．

多様体導入の手順を以下に列記しておく(細かい説明はできないので，感じだけでも捉えていただきたい)．

(Ⅰ)　コンパクトなハウスドルフ空間 X

これは $\boldsymbol{R}^N$ の有界な閉集合を抽象化した概念である．X は，集合にある近さの概念を入れたものであるが，$\boldsymbol{R}^N$ の有界な閉集合のもつ基本的な性質はほぼもっている．

(Ⅱ)　局所座標系

X は $\boldsymbol{R}^n$ の単位円板の内部と同相な有限個の開集合 $V_1, V_2, \cdots, V_\lambda$ でおおわれている：

$$X = V_1 \cup V_2 \cup \cdots \cup V_\lambda$$

このとき各 V_α に属する点 P は局所座標

$$(x_\alpha{}^1, x_\alpha{}^2, \cdots, x_\alpha{}^n)$$

によって表わされている．このとき X は n 次元の位相多様体という．

（III） 滑らかな構造

n 次元の位相多様体 X の上で考えることにする．$V_\alpha \cap V_\beta \neq \phi$ とする．前のように D を $\boldsymbol{R}^n$ の単位円板の内部とすると，局所座標を与える 1 対 1 の連続写像

$$\varphi_\alpha : D \longrightarrow V_\alpha$$
$$\varphi_\beta : D \longrightarrow V_\beta$$

が存在する．このとき $V_\alpha \cap V_\beta$ に移る D の点に注目することによって，2 つの写像(同相写像！)

$$\varphi_\alpha{}^{-1} : V_\alpha \cap V_\beta \longrightarrow \varphi_\alpha{}^{-1}(V_\alpha \cap V_\beta) \subset D$$
$$\varphi_\beta{}^{-1} : V_\alpha \cap V_\beta \longrightarrow \varphi_\beta{}^{-1}(V_\alpha \cap V_\beta) \subset D$$

が生まれてくる．このとき同じ点 $P \in V_\alpha \cap V_\beta$ が，$\varphi_\alpha{}^{-1}$ と $\varphi_\beta{}^{-1}$ によって D 内のどんな違う点に移されているかを考えることによって，写像

$$\begin{array}{ccc} \varphi_{\beta\alpha} : \varphi_\alpha{}^{-1}(V_\alpha \cap V_\beta) & \longrightarrow & \varphi_\beta{}^{-1}(V_\alpha \cap V_\beta) \\ \Cup & & \Cup \\ \varphi_\alpha{}^{-1}(P) & \longrightarrow & \varphi_\beta{}^{-1}(P) \end{array}$$

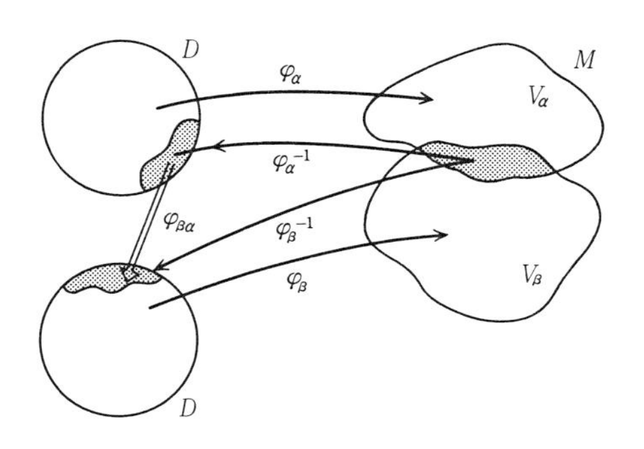

が得られる．

$\varphi_{\beta\alpha}$ は $\boldsymbol{R}^n$ の開集合から開集合への写像だから，$\boldsymbol{R}^n$ の座標を使って n 個の実数値関数として

$$y_i = \varphi_{\beta\alpha}{}^i(x_1, x_2, \cdots, x_n) \qquad (i=1,2,\cdots,n)$$

と表わされる．

私たちはこの n 個の関数 $\varphi_{\beta\alpha}{}^i$ $(i=1,2,\cdots,n)$ が C^∞-級の関数であるということを要求しておくのである．この要求は簡単に $\varphi_{\beta\alpha}$ が C^∞-級の写像であるといってもよいし，あるいは $\varphi_{\beta\alpha}$ という局所座標を貼る"糊"(糊は $D\subset\boldsymbol{R}^n$ の中で調合されているが)が，C^∞-級の糊であるといってもよいのである．

そこで次の定義をおく

定義　滑らかな構造をもつ位相多様体を**滑らかな多様体**，あるいは単に**多様体**という．

これから多様体を M で表わすことにしよう．

（Ⅳ）**C^∞-級の関数**

多様体 M 上の連続関数 $f(P)$ が，各 V_α 上で局所座標を用いて

$$f(x_\alpha{}^1, x_\alpha{}^2, \cdots, x_\alpha{}^n)$$

と表わしたとき，これが n 変数の関数とみて C^∞-級のとき，f を M 上の C^∞-級関数，または滑らかな関数という．局所座標の貼り合わせの糊 $\varphi_{\beta\alpha}$ を C^∞-級にとっておいたから，1つの局所座標 $(x_\alpha{}^1, x_\alpha{}^2, \cdots, x_\alpha{}^n)$ で表わしたところ，ある関数が C^∞-級になっていれば，同じ点のまわりを別の局所座標で表わしてみても，やはり C^∞-級となっている．すなわち，C^∞-級という関数の性質は，局所座標のとり方によらない，M に固有な性質と考えられるのである．

接空間

n 次元の多様体 M 上の1つ1つの点 P に，n 次元のベクトル空間 $T_P(M)$ を与えて，これが抽象的な設定の中での P における M の接空間と考えられるようにしたい．

そのため，まず最初に各点 P に“抽象的な” n 次元ベクトル空間 $T_P(M)$ を対応させておく．直観的には各点 P に抽象的なベクトル空間 $T_P(M)$ を接平面のように付着させたと考えておくとよい．このベクトル空間の基底ベクトル(座標軸！)のとり方を，P を表わす局所座標のとり方に連動させることによって，局所座標から浮かび上がってくる P のまわりの幾何的イメージを $T_P(M)$ にも付与しようと考えるのである．そのため P が V_α に含まれていて，$P=(x_\alpha{}^1, x_\alpha{}^2, \cdots, x_\alpha{}^n)$ と表わされているとき，$T_P(M)$ の基底ベクトルとして“記号”

$$\frac{\partial}{\partial x_\alpha{}^1},\ \frac{\partial}{\partial x_\alpha{}^2},\ \cdots,\ \frac{\partial}{\partial x_\alpha{}^n}$$

で表わされたものをとることにする．そうするとこのとき，n 次元ベクトル空間 $T_P(M)$ に属しているベクトル ξ は，ただ1通りに

$$\xi = \xi_\alpha{}^1\frac{\partial}{\partial x_\alpha{}^1}+\xi_\alpha{}^2\frac{\partial}{\partial x_\alpha{}^2}+\cdots+\xi_\alpha{}^n\frac{\partial}{\partial x_\alpha{}^n} \qquad (12)$$

と表わされることになる．ξ は点 P における M の**接ベクトル**とよばれるものである．

もちろんこれだけでは単に記号の上だけのことであって，M の構造と $T_P(M)$ の構造は特別新しい関係を得たわけではない．M の構造は，局所座標の貼り合わせ方の中にあるという観点に立って，この貼り合わせ方を $T_P(M)$ の基底のとり方に反映させることにより，ベクトル空間 $T_P(M)$ を M の各点 P に“密着させる”のである．

そのためいま $P\in V_\alpha\cap V_\beta$ とする．このとき上の約束にしたがえば，V_α, V_β という2つの局所座標に対応して $T_P(M)$ は2つの基底ベクトル

$$\begin{array}{ll}\dfrac{\partial}{\partial x_\alpha{}^1},\ \dfrac{\partial}{\partial x_\alpha{}^2},\ \cdots,\ \dfrac{\partial}{\partial x_\alpha{}^n} & (P\in V_\alpha \text{ と考えて}) \\ \dfrac{\partial}{\partial x_\beta{}^1},\ \dfrac{\partial}{\partial x_\beta{}^2},\ \cdots,\ \dfrac{\partial}{\partial x_\beta{}^n} & (P\in V_\beta \text{ と考えて})\end{array} \qquad (13)$$

をもつ．したがってまたこの基底ベクトルの選び方にしたがって，どんな接ベクトル $\xi\in T_P(M)$ も2通りの表わし方

$$\xi = \xi_\alpha{}^1 \frac{\partial}{\partial x_\alpha{}^1} + \xi_\alpha{}^2 \frac{\partial}{\partial x_\alpha{}^2} + \cdots + \xi_\alpha{}^n \frac{\partial}{\partial x_\alpha{}^n}$$
$$= \xi_\beta{}^1 \frac{\partial}{\partial x_\beta{}^1} + \xi_\beta{}^2 \frac{\partial}{\partial x_\beta{}^2} + \cdots + \xi_\beta{}^n \frac{\partial}{\partial x_\beta{}^n}$$

をもつことになる．

このとき私たちは，基底ベクトル(13)の間に基底変換の関係

$$\frac{\partial}{\partial x_\beta{}^i} = \sum_{j=1}^{n} \frac{\partial x_\alpha{}^j}{\partial x_\beta{}^i} \frac{\partial}{\partial x_\alpha{}^j} \qquad (*)$$

が成り立っていると要請するのである．この要請によって，V_α上で基底$\left\{\frac{\partial}{\partial x_\alpha{}^1}, \cdots, \frac{\partial}{\partial x_\alpha{}^n}\right\}$によって具体的に表示されたベクトル空間と，$V_\beta$上で基底$\left\{\frac{\partial}{\partial x_\beta{}^1}, \cdots, \frac{\partial}{\partial x_\beta{}^n}\right\}$によって具体的に表示されたベクトル空間とが，$V_\alpha \cap V_\beta$上で貼り合わされて，$M$上全体をおおうような1つの新しい空間が得られる．このようにして各$T_P(M)$を貼り合わせて得られる空間

$$T(M) = \bigcup_{P \in M} T_P(M)$$

を，Mの**接空間**という．

このような接ベクトルの一見，抽象的な定義から，接ベクトルが多様体Mへの“働き”としてどのようにかかわっているのだろうかということは，誰にとっても関心のあることである．それは(12)によって$\xi \in T_P(M)$が与えられたとき，$f \in C^\infty(M)$に対して，fの“ξ-方向”からのPの微分の値が

$$\xi(f) = \sum_{i=1}^{n} \xi_\alpha{}^i \frac{\partial f}{\partial x_\alpha{}^i}(P)$$

によって決められることによっている．もし$P \in V_\alpha \cap V_\beta$のとき，この右辺の表示を，$\xi$の$V_\beta$上の表示を用いて別に

$$\sum_{i=1}^{n} \xi_\beta{}^i \frac{\partial f}{\partial x_\beta{}^i}(P)$$

と計算してみても，同じ値になっているということを保証することが，実は(11)を参照してみると，要請しておいた貼り合わせの条件(＊)にほかならないことがわかる．

すなわち，接ベクトルは$f \in C^\infty(M)$に対して，微分として働い

て，局所座標を通して見る限り，それはある方向からの微分の値を与えているのである．基底ベクトルとして記号 $\dfrac{\partial}{\partial x_\alpha{}^1}, \cdots, \dfrac{\partial}{\partial x_\alpha{}^n}$ を用いたのは，この含みがあったからである．この接ベクトルの関数への働きを通して，多様体 M 上の幾何学的量が逆にしだいに構成されていく．たとえは少し適切でないかもしれないが，モンジュが曲面論を考察しているとき，$\boldsymbol{R}^3$ のもつ幾何学的性質がどのように曲面上に反映されてくるかを考えていたように，現代数学では多様体 M のもつ幾何学的性質を，$C^\infty(M)$ とその上に接ベクトルを通して働く微分を通して，どのように導いていくかを考えているともいえる．曲面論ははるかな高みへと上ったのである．

リーマン多様体

ここでリーマンの講師就任試験講演の中で述べた考えが，このような多様体の立場の中で，どのように現代数学に取り入れられたかについてひとこと述べておこう．多様体 M が与えられたとき，各点 P における接空間 $T_P(M)$ に内積を導入して，まずここからスタートする．

いま各点 P に対し，接ベクトル空間 $T_P(M)$ に内積

$$(\xi, \eta)_P$$

が与えられているとする．1つの局所座標近傍 V_α 上に注目することにして，V_α 上の各点 $x=(x_\alpha{}^1, x_\alpha{}^2, \cdots, x_\alpha{}^n)$ で与えられた2つの接ベクトル ξ, η が

$$\xi(x) = \xi_\alpha{}^1(x)\frac{\partial}{\partial x_\alpha{}^1} + \xi_\alpha{}^2(x)\frac{\partial}{\partial x_\alpha{}^2} + \cdots + \xi_\alpha{}^n(x)\frac{\partial}{\partial x_\alpha{}^n}$$

$$\eta(x) = \eta_\alpha{}^1(x)\frac{\partial}{\partial x_\alpha{}^1} + \eta_\alpha{}^2(x)\frac{\partial}{\partial x_\alpha{}^2} + \cdots + \eta_\alpha{}^n(x)\frac{\partial}{\partial x_\alpha{}^n}$$

と表わされ，各係数 $\xi_\alpha{}^i(x)$, $\eta_\alpha{}^i(x)$ $(i=1, 2, \cdots, n)$ は V_α 上 C^∞-級の関数とする．このとき各点 $x \in V_\alpha$ における内積の値

$$(\xi(x), \eta(x))_x \tag{14}$$

が V_α 上 C^∞-級の関数となっているという“滑らかさ”の条件を課

しておく．各 $T_P(M)$ 上で与えられた，この条件をみたす内積を**リーマン計量**といい，リーマン計量が与えられた多様体を**リーマン多様体**というのである．

いまリーマン計量が与えられているとき，基底ベクトルの内積を

$$\left(\frac{\partial}{\partial x_\alpha{}^i},\ \frac{\partial}{\partial x_\alpha{}^j}\right)_x = g_{ij}{}^\alpha(x)$$

とおくことにすると，(14)は

$$(\xi(x), \eta(x))_x = \sum_{i,j=1}^{n} g_{ij}{}^\alpha(x)\xi_\alpha{}^i\eta_\alpha{}^j$$

と表わされることになる．

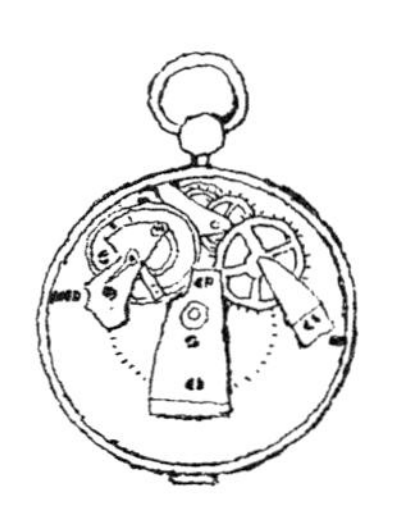

歴史の潮騒

ここに述べた $\boldsymbol{R}^N$ の中の“曲面”から離脱したまったく抽象的な立場に立つ多様体概念の導入は，実は数学史的にはずっと遅れて，1936年のホイットニーの論文『微分可能多様体』によるのである．リーマンの講演から約80年後のことである．1936年といえばヒルベルト空間や位相群や抽象代数学が花盛りであり，19世紀数学はすでに遠いものとなっていた．ここにいたる歴史的な道のりは必ずしも明らかなものではないようである．

まずリーマン以後，リーマンの思想を受け継ぐ形での微分幾何学は，リッチ，レヴィ・チヴィタ等のイタリーの幾何学者たちによって，絶対微分学という思いもかけぬ方向へと進んだ．リッチの『絶対微分学の方法』と題する論文は1901年に発表された．絶対微分学では局所座標の変換則で不変であるような関係式を見出すことを主眼としており，そこではテンソルという言葉で書かれた不変式や微分方程式が研究のテーマとなって論じられるのである．それらは座標変換で不変な形をとっているから，得られた量はどの局所座標をとって表現しても同じ量を表わしていることになり，したがって多様体固有の量と考えられるものであったが，多様体の全体像を考察の対象におくということは決してなかったのである．議論はあく

まで局所的であった．混みいったテンソルを不変成分に分解するような複雑な，むしろ代数的な議論も一時期盛んであったのである．1932年に書かれて当時評判だったアイゼンハルトの『変換の連続群』という本を見ても，ベクトルやテンソルの変換則をみたすものが，考えている対象となることは明示されているが，いまからいえば，その下に広がっているはずの幾何学的な場——多様体——M についてははっきりとは言及されていないのである．

代数幾何からも，方程式で定義される点の集りとして(たとえば円周が $x^2+y^2-1=0$ と表わされるように)，多くの多様体が研究されていたが，それは一般には複素数体上で考えられており，また一般に特異点をもっていたから，$\boldsymbol{R}^n$ の“曲面”という見方で捉えられる機会は少なかったのだろう．

トポロジーも，三角形分割という性質と，それを用いてホモロジー論を展開するという方法とに注目しながら，高次元の多面体の概念を導入し，それを主要な研究対象としていったが，そこには微分幾何学と融和するような場所を見出すことはむずかしかったのである．

多様体の概念は抽象的なものであり，その抽象性によってむしろ現代数学の中へとごく自然に広がっていったとも考えられるものであるが，このような“抽象的な場”の広がりを数学的実在として認めることができるようになるためには，長い時間をかけた数学的雰囲気の醸成が必要だったのである．1910年代から1920年代にかけて，嵐のように通り抜けていった抽象数学へ向けてのダイナミックな動きが，このような雰囲気をつくることに貢献したのかもしれない．実は，ホイットニーの最初に述べた論文を読んでも，リーマンの思想は伝わってこないのである．その論文をおおうものは，20世紀数学がそれまでに形づくってきた，新しい大きな波であった．

なおこの多様体の概念は，リーマン計量を入れれば微分幾何の対象となるものであったが，多様体はまた“三角形分割”もできるのである．多様体の位相的な構造がトポロジーの中心課題となったのは，1950年以降のことである．そしてその頃になって，多様体は数学を表現し，総括する基本的な場として，数学者の前にはっきりと姿を現わしてきたのである．

先生との対話

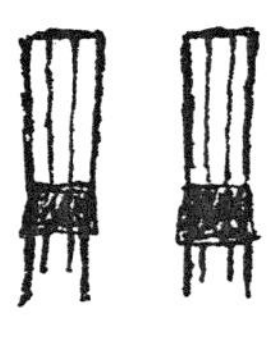

山田君がまず質問した．

「抽象的な多様体に対する接空間の定義は，いままで聞いたことのないような不思議な定義ですね．大体，多様体というものを考えようとすると，ぼくはどうしても3次元の中の曲面のようなものを考えてしまいますが，抽象的なときには多様体 M だけがあって，外の空間など何もないのですよね．そのときの接ベクトルって何だろうと考えてしまいます．」

「そうですね，接ベクトルも M の中から新しく創り出していかなくてはならないのです．接ベクトルとは関数を微分する方向を指定するものだという考えに立つと，M 上の C^{∞}-級関数と，その関数を局所座標によって微分するという2つの概念から，ごく自然に接ベクトルの考えが生まれてきます．そうすると局所座標の貼り合わせの違いからくる微分する方向の，いわばかみ合わせの違いが，何か抽象的な多様体の中から浮かび上がる“形”を暗示してくることになるのでしょう．」

明子さんがノートを広げて水曜日のところを見ていたが，「これは何のことだったのかしら」と小声でいって

「曲面のときに，第1基本形式を

$$\sum_{i,j=1}^{2} g_{ij}dx^i dx^j$$

と書きましたが，一般のリーマン幾何の立場で見るとき，この dx^i という記号は，一体，何を意味していると考えるのでしょうか．」

と質問した．

「M をリーマン多様体としましょう．そうすると M の各点 P に接空間 $T_P(M)$ が付いています．$T_P(M)$ は n 次元のベクトル空間でした．第4週日曜日での話を思い出すと，$T_P(M)$ に対してその

双対空間 $T_P^*(M)$ を考えることができます．$T_P^*(M)$ の元というのは，$T_P(M)$ から $\boldsymbol{R}$ への線形写像でした．そこで $P \in V_\alpha$ として，$T_P(M)$ の基底

$$\left\{\frac{\partial}{\partial x_\alpha{}^1},\ \frac{\partial}{\partial x_\alpha{}^2},\ \cdots,\ \frac{\partial}{\partial x_\alpha{}^n}\right\}$$

をとると，対応して $T_P^*(M)$ の双対基底が決まります．この双対基底を

$$\{dx_\alpha{}^1,\ dx_\alpha{}^2,\ \cdots,\ dx_\alpha{}^n\}$$

と書くのです．そうすると，

$$\xi = \xi_\alpha{}^1\frac{\partial}{\partial x_\alpha{}^1}+\xi_\alpha{}^2\frac{\partial}{\partial x_\alpha{}^2}+\cdots+\xi_\alpha{}^n\frac{\partial}{\partial x_\alpha{}^n}$$

に対して

$$dx_\alpha{}^i(\xi) = \xi_\alpha{}^i$$

となります．

したがって，M 上にリーマン計量を与えるということ，すなわち $T_P(M)$ の接ベクトル ξ, η に内積 $\sum g_{ij}{}^\alpha \xi_\alpha{}^i \eta_\alpha{}^j$ を与えるということを，双対基底を使って“関数型”で書くと

$$\sum g_{ij}{}^\alpha dx_\alpha{}^i(\xi) dx_\alpha{}^j(\eta)$$

となるのです．このように書くと何か形式的な解釈にすぎないようで，双対基底を表わす記号 dx の使い方が，全微分のときに現われる同じ記号 dx とうまく合致しているのだろうかなどということが問題になってきます．それらは現代数学ではすべて整備されて，それが逆に記号 dx の働きを強めているようです．」

小林君が

「抽象的な多様体というのは，$\boldsymbol{R}^N$ の中に入っている多様体とどれだけ違うのですか．」

と質問した．

「おかしなことのようですが，本質的には違わないといってもよいのです．ホイットニーは n 次元の多様体 M は必ず $\boldsymbol{R}^{2n+1}$ の中の“曲面”として考えることができるということを証明したのです．すなわち M から $\boldsymbol{R}^{2n+1}$ の中への1対1の滑らかなよい写像が存在

することを示したのです.」

この先生の答を聞いて，教室の中から「なぁんだ」などという声が聞えてきた．かず子さんが皆の気持を代弁するように質問に立った.

「そうすると抽象的に多様体を定義しても，それは高次元のユークリッド空間の中に結局は入れることができるならば，“外の空間”を見つけることができるわけですね．そんならわざわざいろいろな概念を用意して抽象的な多様体の定義を試みなくともよかったのではないでしょうか.」

先生はじっと考えられてから，一語，一語言葉を探すような調子で話し出された.

「いいえ，それは必ずしもそうとはいえないのです．数学のいろいろなところから生まれてくる多様体は，一般にはユークリッド空間の中のある“曲面”の形をとっていませんし，またそのような視点をどのようにもったらよいかわからない状況で提示されてきます.

たとえば $\boldsymbol{R}^n$ の原点を通る p 次元（$0<p<n$）の平面全体は，1つの多様体をつくることが示されます．といってもそれをどんなふうに考えてよいかはわからないでしょう．まず少しそのことを説明してみましょう．$\boldsymbol{R}^n$ の中にある原点を通る p 次元の平面の例として，最初の p 個の座標平面

$$L = \{(x_1, x_2, \cdots, x_p, 0, 0, \cdots, 0)\}$$

をとります．原点のまわりでこの平面を少し変動させて別の p 次元の平面 $\tilde{L}$ を得たとします．この L から $\tilde{L}$ への変動はどんなデータでキャッチされるかというと，L 上の座標単位ベクトル $\boldsymbol{e}_1=(1, 0, \cdots, 0)$，…，$\boldsymbol{e}_p=(0, \cdots, 0, \overset{p}{\widehat{1}}, 0, \cdots, 0)$ が $\tilde{L}$ へ移って

$$\tilde{\boldsymbol{e}}_1 = (a_{1\,1}, a_{1\,2}, \cdots, a_{1\,p}, a_{1\,p+1}, \cdots, a_{1\,n})$$

$$\cdots\cdots\cdots$$

$$\tilde{\boldsymbol{e}}_p = (a_{p\,1}, a_{p\,2}, \cdots, a_{p\,p}, a_{p\,p+1}, \cdots, a_{p\,n})$$

となったとしたとき，L からはみ出した部分の成分

$$(a_{1\,p+1}, \cdots, a_{1\,n}),\quad \cdots,\quad (a_{p\,p+1}, \cdots, a_{p\,n})$$

でキャッチされます．すなわち L の近くにある p 次元平面 $\tilde{L}$ は，

$p(n-p)$ 個のデータ $(a_{1\,p},\cdots,a_{1\,n},\cdots,a_{p\,p+1},\cdots,a_{p\,n})$ で決まります．このデータを，L の近くにある平面の局所座標として採用することにします．ほかの平面の近くでも同じような局所座標をとることができ，これによって $\boldsymbol{R}^n$ の原点を通る p 次元の平面全体は多様体となることがわかります．この多様体をグラスマン多様体といいます．

このグラスマン多様体を見ると，これが多様体になることを保証するのは p 次元平面の $\boldsymbol{R}^n$ の中での変化の仕方で，それはいってみれば p 次元平面の集合の“内部事情”です．私たちが一番注目しているのは，1つの平面の近くには $p(n-p)$ 個のパラメータによる座標が入るということであって，p 次元平面全体の集合の全体像を曲面のように想像しているわけではありません．グラスマン多様体を成立させているものは，p 次元平面の集りから抽象された性質です．このような幾何学的なものの集りから抽象されて取り出された性質を受ける形で多様体の議論を展開するためには，抽象的な多様体の視点がどうしても必要となってくるのです．そして現代数学は，微分幾何学やトポロジーの多くの具体例から生まれてきた多様体に，この抽象的な視点を付すことによって大きく発展したのです．」

お茶の時間

質問　ガウス-ボンネの定理というものを聞いたことがありますが，それはどんな定理なのですか．

答　閉曲面 S を考える．S は向きづけられているとしよう．金曜日に述べたような位相的な立場では，S は穴の数 g で決まっている．そこで

$$\chi(S)=2-2g$$

とおいて，$\chi(S)$ を S の**オイラー標数**という．金曜日の話を思い出すと，$\chi(S)$ は S を三角形分割したときの（頂点の数）－（辺の数）＋（面の数）に等しい．曲面 S は水曜日，木曜日の立場で見ると曲面論の対象となり，S には全曲率 κ がある．κ は S の各点で定義され

た実数値連続関数となっている．S 上では長さが測れるから（第1基本形式！），したがって S 上での微小な面積も測れ，S 上での連続関数の積分を考えることができる．このとき全曲率 κ を S 上で積分すると

$$\int_S \kappa dS = 2\pi\chi(S)$$

が成り立つというのが，ガウス-ボンネの定理である．

この等式の左辺に登場している κ は，曲面の微小な変化の様子を，解析的に測って求められたものであるし，右辺の $\chi(S)$ は，曲面全体を大づかみにして得られた位相的な量である．左辺と右辺に現われる量はまったく性質を異にしている量である．ガウス-ボンネの定理によって微分幾何学とトポロジーが多様体を通して互いに結び合う道が見出されたのである．

日曜日

19 世紀から 20 世紀へ

この6週間の物語を通して，第4週の線形性を除けば，その基調は主に19世紀までの数学においてきた．現代数学を何の準備もなく学びはじめれば，ときにはそれは荒涼とした原野に誘(いざな)われているような感じを抱かせることもあるだろう．少なくとも現代数学の精緻な理論体系の彼方に，その理論を創った人間像を思い浮かべることはほとんどないといってよい．20世紀は，数学の歴史としてはまだ浅いのかもしれない．数学が育ち，また育ってきた柔らかな深い土を知ってもらうためには，歴史を振り返ってみるとよいと私は考えた．19世紀までの数学はすでに十分豊かで，私たちに語りかける多くのものをもっている．その理解に立って現代数学を見ると，そこには現代数学の育っていく姿がはっきりと見えてくるだろう．読者はいまは20世紀数学へ向かわれるとよいのである．

19世紀から20世紀へと移るにつれて数学の姿は大きく変わったのである．19世紀まで数学は日常取り扱われる量や幾何学的な図形からごく自然に抽象されてきた数学的対象の中に，十分豊かな数学的対象を育てていた．また実数，複素数から生まれた解析学は，眼に見える世界で生ずるさまざまな自然現象の解明を通しながら育っていったが，振り返ってみれば，もともと解析学の基盤は時空の直観の中にあったといってもよかったのである．極限や関数の基礎概念はそこから生まれてきている．そのような背景の中にあっては，新しい抽象概念を取り出し数学の中に積極的に取り入れていこうとする強い志向は育ちにくかったといってよいだろう．現代数学にとってごく当り前の，概念の意味を問うというようなことも，改めてそれが数学の問題になり得るものなのかどうかと自問してみると，それは決して明らかなことではないということに気がつくのである．幾何の問題や方程式の問題を解くときに集中する意識の中に数学の本質が浮かび上がってくるというように考えると，概念の意味など確かにその外にある．概念というものが数学者の間で論ぜられるようになったのは，コーシーなどによって解析学の基礎に対する批判

が登場し，連続性の概念や関数概念を明確にしようとする動きが高まってきてからだろう．

その意味では1872年に出版されたデデキントの『連続性と無理数』というわずか24頁の小冊子は，単にそこに述べられている“切断”という考えの独創性だけではなく，新しい独特な雰囲気を数学に投入することになった．ここに扱われているのは実数の連続性という概念であり，そこには数式も図形も描かれていなかったのである．

だが，数学の流れにとってもっとも決定的な意味をもち，19世紀数学から20世紀数学への過渡期に深い影響と波紋を投げかけたのは，カントルによる集合論の創造であった．カントルは，1878年に発表した論文の中で，“ひとつひとつの構成要素がはっきりと識別できるものの集り”という空漠とした裸の概念を，“集合”として数学の対象としようとしたのである．もちろんこれだけの概念だけならば，哲学か論理学の対象であったろうけれど，カントルはここに無限概念を重ねることにより，神秘的で深遠な数学の世界を現出させたのである．しかしカントルによって捉えられた無限は，時空の認識からくるある持続性をもつ実体としての無限ではなく，概念の中だけで累々と構成されていく無限であった．たとえばカントルによれば，実数は1つの集合を構成するが，それは実数を1つ1つ要素としてばらして単なる総体として認めるような対象と化してしまったのである．概念としてだけでみるならば，それで十分自立しているかもしれないが，実数が数直線から切り離され，連続性という属性を捨ててしまったとき，それがどれほど数学の中で不透明なものになるかということは，『数学が生まれる物語』第2週で詳しく述べた通りである．

しかしいずれにせよ，カントルによって，数学は概念の内蔵する働きによって，十分自立することができるという観点を得たのである．概念の外延は集合を形成し，内包は集合の上に多くの構造を与えてくることになるだろう．無限というこの不思議な響きを伝える言葉さえも，集合論の中では1つの果てしない理論体系を構築していく.（集合論についてはたとえば志賀『集合への 30 講』(朝倉書店)を参照していただきたい.） このカントルの提示した無限概念と数学の構成に，不安と危惧を感じた数学者は多かったし，20 世紀になっても集合論に対する批判は続いたのであるが，結局のところカントルによって示された世界は，数学者によって容認されることになった．このような 19 世紀から 20 世紀へかけての数学内部の大きな変化がどこからきたものかということに，私はむしろ最近は関心をもつようになってきた．カントルの天才というだけではおさまらない，何か謎めいたものがそこにあるような気がする．この物語に述べてきたような豊かな土を耕すような数学からみれば，カントルの集合論は遠い彼方から侵入してきた異邦人のようなものであったといってもよいだろう．

ヒルベルトは 1899 年に有名な『幾何学の基礎』を著わしたが，その中でヒルベルトは抽象的におかれた点と直線から出発し，その相互関係を厳密に公理によって規定することによって，ユークリッド以来の幾何学を算術的世界の中で論理的に構成することに成功した．それと同時に数学の対象は，集合から出発し，そこに公理体系を与えることによってその構造を規定することにより得られるという立場を鮮明なものにしたのである．ヒルベルトは“カントルのつくった楽園から誰も追放されることはない”とカントル的数学を擁護したが，ヒルベルトの見た楽園は，集合概念を根底において公理論的に数学の対象を構築していくという，開かれた自由な思索の展開していく数学の世界であって，カントルという天才が聞いた，果てしない無限の系列の彼方からやってくる神秘的な謎めいた調べではなかったと思われる．

やがて 1930 年代までを，抽象数学とよばれる新しい波が数学を大きくおおうようになってきた．19 世紀まで大切に育てられてきたさまざまな概念が取り出され，批判され，集合概念の上に新しい装いをつけて登場してきたのである．この大きな波のうねりの中から，“近さ”という先験的ともいえる直観を，数学的な概念として結晶させた位相空間論や，量的な感覚を一切捨て去って数のもつ演算の働きだけを抽出した抽象代数学が誕生してきた．そこには群，環，体，多元環などの概念が1つの視野の中におさめられたのである．また解析学の背景に，無限次元空間と線形性をおこうとする関数解析学が盛んとなって，ヒルベルト空間，バナッハ空間の理論がそこに展開した．

このような潮流の中にあって，19世紀半ばまではグラスマンやリーマンの先駆的な業績を除けばなお霧中にあった高次元の幾何学が，2次元，3次元と同じような視点で研究されるようになった．そこには方法の違いによって，微分幾何学，リー群論，トポロジーなどが激しく交錯したのである．

抽象数学の動きは，数学の内部におきた学問の自立性への志向と，抽象という高い視点を得ることによって，数学が有機体としてさらに総合的な働きをすることを目指したものであったと考えられるが，不思議なことに，ここで得られた数学は，アインシュタインの一般相対性理論や，ボアー，ハイゼンベルク，シュレディンガーなどによって創られた量子力学が示した世界像の数学的表現に実によく適合したのである．それは大きくいえば，数学の表現も，物理的世界観も，人間の文化の流れの中にあって，同じ時間を共有しながら1つになって流れていくということを示したものかもしれない．

抽象数学によって数学が1つの立脚点に立ったとき，改めて19世紀までの数学を見直すという機運が1940年代あたりから徐々にはじまったようであるが，そこには抽象数学だけでは決しておおえなかったような実に豊かな数学を育てる種子が蒔かれていたことがわかってきたのである．数学の表現形式や潮の流れは，時代とともに変わることはあっても，数学を支えているものは変わることはない．数学はいまもその土壌を耕しながら，未来に向けて確実に育ち続けているのである．

むすび

20世紀数学は，多くの概念と方法を導入しながら急速に発展し，前世紀までには予想もできなかったような大きな学問の世界を構築するにいたった．その理論全体を俯瞰するような場所を見出すことは，専門家にとってさえほとんど不可能なことになってきた．数学に関心のある人が，このような現代数学に近づこうとするとき，最初の障害は，次々と登場してくる概念の意味がはっきりせず，また適用される方法の妥当性，つまり考える筋道の必然性がはっきりしないということにある．場合によっては，問題としているテーマ自身が霧に包まれているようにみえるときもある．それは現代数学がその基盤を抽象性においているからであろう．

私は以前から，現代数学の実りを支える豊かな土壌に鍬(くわ)を入れ，掘り起こしてみるような仕事をしてみたいと思っていた．現代数学の中に繰りこまれている高度の概念や方法や考え方など，すべて長い数学の歴史の中から培われてきたものである．数学を学ぼうとする人たちにも歴史が育てたこの豊かな土壌を知ってもらいたいと思った．

幸い『数学が生まれる物語』の続編を書くようにお勧めがあったので，この機会に私のこの考えを『数学が育っていく物語』に盛ってみようと思ったのである．1年2ヵ月程度の時間をかけて，6冊を書き上げてみると，私は執筆当初思いもかけなかった1つの感慨にいつしかふけるようになっていた．それは数学という学問がつねに対峙し，それに向かって問いかけているのは，歴史ではないかということである．物理学をはじめとする諸科学が，自然現象の中に広がりと深さを求めながら，時間の先の方向へと進んでいくのに対し，数学は歴史の奥へ，奥へと入っていく．諸々の概念や方法の可能性をひとつひとつ確かめながら，数学は新しい問題の中に創造の道を求めて歩んでいる．ここで確かめているのは実は数学の過ぎてきた道である．数学者はつねに同じ道を歩み続けているにすぎない．

やがて通ってきた道を振り返れば，そこにはつねに同じ形をとって数学の育ちゆく姿が見えるだろう．この私の感慨が，本書を通して，いくらかでも読者とわかちあうことができるならば，私としては嬉しいことである．

なお，岩波書店の宮内久男さんには，『数学が生まれる物語』から本書にいたるまで，すべての点で大変お世話になった．ここに深く感謝の意を述べさせていただきます．

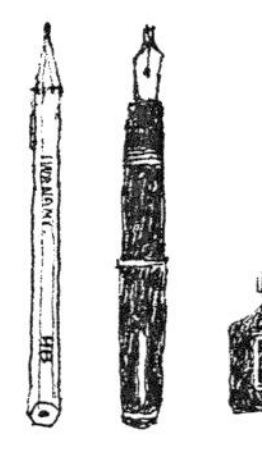

問題の解答

月曜日

［1］ $\dfrac{x^2}{a^2}+\dfrac{y^2}{b^2}+\dfrac{z^2}{c^2}=1$ を確かめるとよい．

［2］ $\dfrac{x^2}{a^2}-\dfrac{y^2}{b^2}=z$ が成り立つから双曲放物面である．

火曜日

［1］ 原点以外では偏微分可能である．たとえば $(a,b)\neq(0,0)$ のとき

$$\frac{\partial f}{\partial x}(a,b)=\frac{b(a^2+b^2)-2a^2b}{(a^2+b^2)^2}=\frac{b(b^2-a^2)}{(a^2+b^2)^2}$$

原点では $f(h,0)=f(0,k)=0$ に注意すると $\dfrac{\partial f}{\partial x}(0,0)=\lim\limits_{h\to 0}\dfrac{1}{h}\{f(h,0)-f(0,0)\}=0$，$\dfrac{\partial f}{\partial y}(0,0)=0$ となる．

［2］ $x\neq0$ では偏微分可能であって，(a,b)，$a\neq0$ では

$$\frac{\partial f}{\partial x}(a,b)=b\sin\frac{1}{a}-\frac{b}{a}\cos\frac{1}{a},\qquad \frac{\partial f}{\partial y}(a,b)=a\sin\frac{1}{a}$$

となる．また原点では $f(h,0)=f(0,k)=0$，$f(0,0)=0$ に注意すると偏微分可能のことがわかり $\dfrac{\partial f}{\partial x}(0,0)=\dfrac{\partial f}{\partial y}(0,0)=0$ となる．

$(0,b)$，$b\neq0$ では，$\dfrac{f(h,b)-f(0,b)}{h}=\dfrac{hb\sin\frac{1}{h}}{h}=b\sin\dfrac{1}{h}$ は $h\to0$ のとき収束しないから $\dfrac{\partial f}{\partial x}(0,b)$ は存在しない．一方 $\dfrac{\partial f}{\partial y}(0,b)=0$ である．

したがって，$(0,b)$，$b\neq0$ で $\dfrac{\partial f}{\partial x}(0,b)$ は存在しない．

［3］(2) (6)から

$$\begin{aligned}F(t)&=f(a+th,b+tk)\\&\fallingdotseq f(a,b)+f_x(a+th,b+tk)th+f_y(a+th,b+tk)tk\end{aligned}$$

となる．したがって

$$F'(0)=\lim_{t\to0}\frac{F(t)-F(0)}{t}=f_x(a,b)h+f_y(a,b)k$$

(3) (2)の結果をもう少し一般にして

$$F'(t)=f_x(a+th,b+tk)h+f_y(a+th,b+tk)k$$

が成り立つことがわかる．この両辺を t でもう一度微分するとき，たとえばこの結果を $f_x(a+th,b+tk)$ に適用すると

$$\frac{d}{dt}f_x(a+th,b+tk)=f_{xx}(a+th,b+tk)h^2+f_{xy}(a+th,b+tk)hk$$

となる．同様の式が $f_y(a+th, b+tk)$ を t で微分した式にも成り立つ．このことから $F''(t)$ の表示が得られる．

(4) $$f(a+h, b+k)=f(a, b)+hf_x(a, b)+kf_y(a, b)+\frac{1}{2}\{h^2f_{xx}(a+\theta h, b+\theta k)+2hkf_{xy}(a+\theta h, b+\theta k)+k^2f_{yy}(a+\theta h, b+\theta k)\}$$

水曜日

[1] $E=1$, $F=0$, $G=\cos^2 u$

[2] $e=1$, $f=0$, $g=\cos^2 u$

[3] $E=r^2$, $F=0$, $G=(R+r\cos u)^2$

$e=r$, $f=0$, $g=(R+r\cos u)\cos u$

木曜日

[2] $eg-f^2=r(R+r\cos u)\cos u$ と $EG-F^2=r^2(R+r\cos u)^2$ と(4)からわかる．

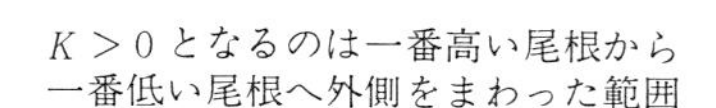

$K>0$ となるのは一番高い尾根から
一番低い尾根へ外側をまわった範囲

[3] (5)でいまの場合，$u=x$, $v=y$ である．$E=\frac{1}{y^2}$, $F=0$, $G=\frac{1}{y^2}$ を用いて計算すると(5)の左辺が $\frac{4}{y^8}K$，右辺が $-\frac{4}{y^8}$ となり，これから $K=-1$ が導かれる．

金曜日

[1] 図は，クラインの壺をつくるときの長方形の真中を走る帯を1つのメービウスの帯とし，上下2つの帯を貼り合わせて，もう1つのメービウスの帯を取り出したものとなっている．

[2] これは図から明らかだろう．

[3] 問題[2]から射影平面は，メービウスの帯に円板を貼ったものになっている．2つの射影平面をもってきて，この円板部分を切りとって貼り合わせ連結和をつくると，これは2つのメービウスの帯を貼り合わせたものになっている．問題[1]によりそれはクラインの壺である．

索　引

あ 行

か 行

さ 行

た 行

な 行

は 行

ま 行

や 行

ら 行

わ 行

■岩波オンデマンドブックス■

数学が育っていく物語 第6週
曲面——硬い面，柔らかい面

1994年9月5日 第1刷発行
2000年6月26日 第6刷発行
2018年9月11日 オンデマンド版発行

著 者 志賀浩二（しがこうじ）

発行者 岡本 厚

発行所 株式会社 岩波書店
〒101-8002 東京都千代田区一ツ橋2-5-5
電話案内 03-5210-4000
http://www.iwanami.co.jp/

印刷／製本・法令印刷

ISBN 978-4-00-730813-0 Printed in Japan